科学。奥妙无穷 ▶

当南极遇上北极

马少丽 编著

DANGNANJI
YUSHANGBEIJI

中国出版集团

现代出版社

目

录

目 录

地球的最南端

太阳与月亮相遇的世界尽头，荒芜的寂地、雪原，无尽的浮冰、大海。在这里，如同那被掩没的巨大冰山，在厚厚的冰层下，却蕴藏着220余种矿物。在这里可以触摸数十万年前的蓝冰，找寻百万年前的黑冰，见证冰火浴生的自然景观，目睹企鹅与北极熊的繁衍与生存，在这里可以捕捉冰雪世界的魅影，一览日月同辉的胜景，在这里可以欣赏璀璨炫丽、五彩缤纷、千变万化的美丽极光，这就是两极。两极与我们人类息息相关，因为两极就像是冷却器，控制着地球的气候变化。特别是北极，贮存有丰富的石油和天然气，是继中东之后人类社会下一个能源基地。两极贮存着地球上80%左右的淡水资源，利用两极漂浮的冰山，足可解决人类面临的淡水危机。

极地（polar region）即位于地球南北两极极圈以内的陆地与海域。

极地在地球的南北两端（即南极和北极），纬度66° 34′ 以上。极地终年白雪覆盖大地，气温非常低，以至于几乎没有植物生长。极地最大的特征就在于昼夜长短随四季的变化而改变：冬天时在极地几乎看不到太阳，称为极夜；而夏天时就算到了午夜，太阳还是在地平线上，不会下山，称为极昼。当我们从太空望向地球时，可看到南北极的地形完全不同。南极是一块广大的陆块，面积约1 261万平方千米，称作南极洲；而北极则是一片汪洋，面积约1 409万平方千米，称作北冰洋，亦称北极海。从数据我们可以发现它们的大小十分相近。

北极海深约1 200米，是世界上最浅的海；相反的，南极大陆的标高则平均在1 500米左右。南极大陆几乎都被巨大的大陆冰河覆盖，且冰层的平均厚度约为1 700米，最厚的地方则高达2 800米。这里的冰占了全世界总量的90%左右，约为北极海冰量的8~10倍，如果南极洲的冰全部融化流入海中，将会使全球的海平面上升60~80米。

南北极地动物也不尽相同：北极有北极熊；南极则有企鹅。

南极在哪里 ＞

从字面上看，南极就是地球的最南端，但实际上，南极这个词有多种近似含义，例如：南极洲、南极点、南极大陆、南极地区、南极圈等。按照国际上通行的概念，我们一般把南纬60°以南的地区称为南极，它是南大洋及其岛屿和

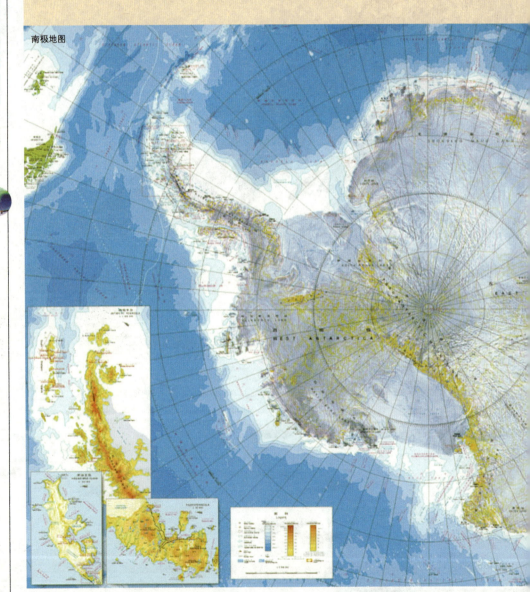

南极地图

8

南极大陆的总称。

通常所说的南大洋即太平洋、大西洋、印度洋的南部水域所包围的区域。与南美洲最近的距离为965千米，距新西兰2 000千米、澳大利亚2 500千米、非州南端3 800千米。整个南极大陆被一巨大的冰盖覆盖，平均海拔2 350米。南极横断山脉将南极大陆分成东、西两部分，东南极冰盖最高点为4 100米。西南极的文森山海拔5 140米，是南极最高峰。

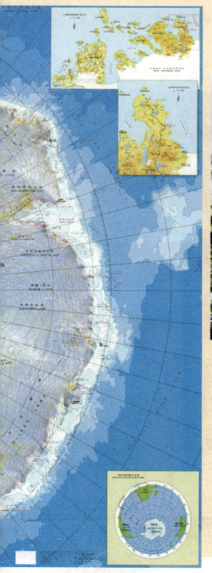

极圈在哪里 ＞

我们称北纬66° 34'的纬线为北极圈，南纬66° 34'的纬线为南极圈。在极圈内会有极昼和极夜现象，同时，极圈也是划分温带与寒带的界限。

9

南极洲有多大 ＞

　　南极洲包括南极大陆及其周围岛屿，总面积约1 400万平方千米，其中大陆面积为1 261万平方千米，岛屿面积约7.6万平方千米，海岸线长达2.47万千米。南极洲另有约158.2万平方千米的冰架。南极洲的面积占地球陆地总面积的1/10，相当于一个半中国大。

南极大陆是什么概念 〉

　　南极大陆是指南极洲除周围岛屿以外的陆地，是世界上发现最晚的大陆，它孤独地位于地球的最南端。南极大陆95%以上的面积为厚度惊人的冰雪所覆盖，素有"白色大陆"之称。在全球6块大陆中，南极大陆大于澳大利亚大陆，排名第五。南极大陆是世界上唯一被茫茫大海包围的大陆，四周有太平洋、大西洋、印度洋，形成一个围绕地球的巨大水圈，呈完全封闭状态，是一块远离其他大陆、与文明世界完全隔绝的大陆，至今仍然没有常住居民，只有少量的科学考察人员轮流在为数不多的考察站居住和工作。

南极"冰箱"的历史变迁 >

南极被冰雪覆盖的面积大约在1 200万平方千米以上，平均厚度在2 000米上下。用这两个数字相乘，就可以算出南极冰盖的大致体积——2 400万立方千米。世界上最大的冰盖在南极。北极附近的格陵兰岛的冰盖居世界第二位，但是它的面积还不到南极冰盖的1/10。至于一些高山上覆盖着的冰川，把它们加在一起也远远比不上南极冰盖。世界上90%的冰雪，都贮藏在南极。正因为这样，人们给南极起了一个"冰箱"的外号。这不仅是因为那里冰的体积十分巨大，也是因为它对地球的大气、海水，都起着冷却的作用，和一个大冰箱差不多。

这个巨大的冰箱已经存在了多少年呢？地质工作者要想知道一个地方的地质历史，他就要对地层进行各种研究。地层本身就是一份珍贵的地质记录。科学工作者要了解南极冰盖的历史，也同样要从冰盖中去寻找线索。几千米厚的冰层是一份珍贵的档案，吸引着成百上千的科学工作者，千里迢迢地到南极去。科学工作者研究的题目之一，就是南极冰盖的年龄。这个秘密，他们是用同位素测量法来取得的。

大家都知道，水分子是由一个氧原子和两个氢原子结合而成的。但是，自然界的水总含有少量氢的同位素氘、氚和氧的同位素^{18}氧。这些同位素的含量和气温有关系。温度比较高，含的同位素量大；温度比较低，含的同位素少。夏天气温高，同位素含量多；冬天气温低，同位素含量就少。因此，利用夏半年和冬半年降雪中同位素含量增减的特点，就可以确定冰层的年龄。也就是说，相邻冰层中，同位素含量出现的一次起伏，就代表

一年。利用冰盖中的同位素含量，还可以大致确定不同年代的气温状况。因为，今天南极的气温我们是知道的，同时，今天南极降雪中的同位素的含量也可以测出来。这样，就可以把过去某一年代冰层中的同位素含量和今天的作比较。要是那年冰层中的同位素含量比现在的少，说明那年温度低；同位素含量多，说明那年温度高。

科学工作者用这个方法，测出了7.5万年前到1万年前的气温变化：1万年前（大约在1 000米深的冰层中）同位素^{18}氧明显地趋向减少，说明当时气候逐渐变冷；到了更深的地方，大约到1.7万年前，^{18}氧含量最少，说明当时南极气温降到了最低点。再往上溯，^{18}氧含量又渐渐上升，直到近冰层底部，也就是7.5万年前，^{18}氧含量逐渐接近现在的含量。这说明那时的气温和今天的南极相仿。

测定同位素的不同含量，竟然能够帮助我们了解几万年间南极的气候变化情况，这是多么奇妙的办法啊！

南极的水资源 〉

　　南极洲98%的地域被一个直径4 500千米的永久冰盖覆盖，其冰架延伸到其周围的海域，夏季冰架面积为265万平方千米，冬季可扩展到南纬55°，面积达1 880万平方千米；冰盖平均厚度为2 000米，最厚处达4 750米；冰盖总贮冰量为2 500万立方千米，占全球冰总量的90%，如全部融化，全球海平面将上升50~60米。南极洲是个巨大的天然"冷库"，是世界上淡水的重要储藏地。

南极的气候 〉

虽然南极被冰雪覆盖，但南极却是地球上最干燥的地区之一。由于大气中水气很少，宇宙中的红外线以及亚毫米波等有助天文学家了解宇宙演变过程的射线在到达地面时损失很少，因此干燥天气还非常有利于天文学家们进行红外观测。

南极洲的气候特点是酷寒、风大和干燥。南极素有寒极之称，其低温的最根本原因是冰盖将80%的太阳辐射反射掉了，大陆永久冰封雪盖。南极仅有冬夏两季之分，4—10月为冬季，11—3月为夏季，沿海地区夏季月均气为0℃左右，内陆地区为-35℃~-15℃，冬季沿海月均气温为-30℃~-15℃，内陆地区为-70℃~-40℃；位于东南极的俄罗斯东方站在1983年6月记录到的最低温度为-88.3℃。气温随纬度和海拔的升高而下降，东南极比西南极低。南极虽然贮存了全球75%的淡水，但因其以永久固态方式存在，故南极异常干燥，有白色沙漠之称。沿海地区年降雪量相当于900毫米，而内陆仅为50毫米。在南纬50°~70°南大洋水域，低压气旋不断，有时环南极水域中的低压气旋可同时有6个之多，并自西向东运动，风速可达85千米/小时。南极大陆的冷空气自海拔高的极点地区向地势较低的沿海区运动，形成强烈的下降风，风速最大可达300千米/小时。

当南极遇上北极

南极是"风极" ＞

一般来讲，只有在大洋上热带风暴（台风）可以达到12级，但是在南极，12级以上的暴风却是家常便饭。南极大陆是风暴最频繁、风力最大的大陆，风速在每小时100千米以上的大风在南极是经常可以遇到的。南极大陆沿海地带的风力最大，平均风速为每秒17~18米，而东南极大陆沿海一带风力最强，风速可达每秒40~50米。在法国的迪尔维尔站曾测到每秒100米的大风，相当12级台风风速的3倍，而它的破坏力相当于12级台风的近10倍。这是迄今为止世界上记录到的最大的风。因此，南极又被称之为"风极"。

在南极考察队员中流传一句话：南极的冷不一定能冻死人，南极的风能杀人。南极是"暴风雪的故乡"。而寒冷的南极冰盖则是孕育暴风的产床，它像一台制造冷风的机器，每时每刻都用冰雪的躯体冷却空气，孕育风暴。由于南极大陆是中部隆起向四周倾斜的高原，一旦沉重的冷空气沿着南极高原光滑的表面向四周俯冲下来，顿时狂风大作，天昏地暗，一场可怕的极地风暴便大施淫威了。

这时，雪冰夹带着沙子从滑溜溜的冰坡铺天盖地滚来，简直像一道无形的瀑布，像一股飞奔而来的洪流，人在暴风中不过像迅猛流水中的一片叶子或一粒

16

为32.6米/秒,从观测的数据可以看出,南极的狂风常常超过12级。所以,南极地区最显著的气候特点是酷寒、烈风、干燥。

是什么原因造成了南极地区特有的强风现象呢?这主要是因为下降风造成的。下降风是大陆内的冷空气沿着斜面运动产生的风。大陆内的低温和大陆沿岸的陡斜面是产生这种风最合适的条件,从而形成地球上最强风地带。南极的下降风的第一个特征是突然刮起,突然终了;第二个特征是风速大,风向大体一定;第三个特征是每天都吹,每次刮起有持续性。

就整体而言,北极地区的平均风速远不及南极,即使在冬季,北冰洋沿岸的平均风速也仅达到10米/秒。尤其是在北欧海域,主于受到北角暖流的控制,全年水面温度保持在2℃~12℃之间,甚至位于北纬69°的摩尔曼斯克也是著名的不冻港。在那个地区,即使在冬季,15米/秒以上的疾风也比较少见。但由于格陵兰岛、北美及欧亚大陆北部冬季的冷高压,北冰洋海域时常也会出现猛烈的暴风雪。

石子,休想站住脚。日本的一位考察队员就在暴风雪中被吹得卡在冰柱中失去了生命。1912—1913年莫森率领澳大利亚科考队在阿德利地的丹尼森海峡越冬进行气象和南磁极的调查。莫森队越冬观测的结果是:在丹尼森海峡测得了年平均风速为19.5米/秒,月平均风速最大24.9米/秒,日平均风速最大36米/秒,一小时平均风速最大42.9米/秒,瞬时风速最大可达100米/秒。如此强风的观测结果给人们留下了疑问。1949—1952年,在丹尼森海峡西北60千米的波尔马尔坦,法国队建站进行了越冬观测,同样记录了丹尼森年平均风速18.5米/秒,最大月平均风速29米/秒等。这两个越冬队的观测结果,得出丹尼森海峡附近是地球上的最强风地区。我们通常所说的12级台风,风速

17

南极的气候优势 ＞

由于南极地区不像地球其他地区那样有着每天的日夜更替，而是存在长达5个多月的极昼和4个多月的极夜。这为天文学者们对宇宙进行持续观测创造了独一无二的条件。

在极夜条件下，由于没有太阳光的干扰，天文学者们可以进行连续观测，这非常有利于发现超新星以及伽马射线爆发。此外，由于可以长时间地扫描天空，还将帮助天文学家们更好地搜索太阳系外的行星系统，这是寻找地外文明最基础的一步。

南极的生物 >

3 000万年前南极是个气候温和、草丰林茂、动物成群的大陆。到了2 800万年前，冰盖逐渐形成，绝大多数动植物便绝迹了，已不存在高等动物和开花植物，仅有340余种植物，其中包括200多种地衣、85种苔藓、28种伞状菌和25种欧龙牙草。沿海有两种显花植物和近千种海藻。南极陆地上仅有一些微生物和少数无脊椎动物生存于植物丛、地衣、泥沼中。在南极发现的无脊椎动物有387种。与南极大陆贫乏的生物种类相比较，南冰洋生物资源异常丰富，其生态系中有个稳定的食物链即浮游植物→浮游动物→磷虾→乌贼、鱼类→企鹅、鸟类→海豹→鲸；磷虾是南大洋食物链中关键的一环，其总贮量为6.5亿吨；除此，乌贼贮量为1亿吨和近2万种鱼类。南极共有7种企鹅，大都生活在南纬45°~55°地区。

19

南极的矿物 〉

根据30多年在南极进行地球物理调查所获得的资料和依据板块构造理论对有亲缘板块拼接的结果证实，南极洲存在着丰富的煤、铁、石油与天然气。南极洲蕴藏的矿物有220余种。主要有煤、石油、天然气、铂、铀、铁、锰、铜、镍、钴、铬、铅、锡、锌、金、铜、铝、锑、石墨、银、金刚石等。主要分布在东南极洲、南极半岛和沿海岛屿地区。如维多利亚地有大面积煤田，南部有金、银和石墨矿，整个西部大陆架的石油、天然气均很丰富，查尔斯王子山发现巨大铁矿带，乔治五世海岸蕴藏有锡、铅、锑、钼、锌、铜等，南极半岛中央部分有锰和铜矿，沿海的阿斯普兰岛有镍、钴、铬等矿，桑威奇岛和埃里伯斯火山储有硫磺。

板块与南美板块。大约在5500万年前
澳洲板块最后从古冈瓦纳大陆上断
裂下来飘然北上，于是只剩下了南极洲。
东南极与西南极在地质上截然不同。东
南极是一个古老的地盾，距今约30亿年。
而西南极是由若干板块组成，在地质年
龄上远比东南极年轻。由于南极地区地
质稳定没有地震，因此适于建立大规模
的天文观测台站。

南极的地质结构 〉

　　南极洲原是古冈瓦纳大陆的核心部
分。大约在1.85亿年前古冈瓦纳大陆先
后分裂为非洲南美洲板块、印度板块、澳
洲板块并相继与之脱离。大约在1.35亿年
前非洲南美板块一分为二，形成了非洲

当南极遇上北极

"移动"的极点 >

1957年，美国曾在南极极点设置了一个进行长期科学观测的基地，这就是阿蒙森·斯科特南极极点科学站。科学站设有各种观测设备和相当舒适的住房，即使在漆黑寒冷的极夜，也可以保证照常工作。

观测工作年复一年地进行着。到了20世纪70年代初，那里的工作人员逐渐发现，这个基地的位置发生了变化。也就是说，本来正好设在南极点上的观测站，已经不在极点上了，它向南美洲的方向"移动"了100多米。平均每年移动速度约10米，每天移动速度不到3厘米。

科学站怎么会移动呢？原来，并不是科学站在移动。移动的是它下面的冰层！冰层不停地移动，建在冰层上面的科学站也只好随冰"漂流"，越走离极点越远，因此不得不考虑重建新站。这次，新站没有建在极点正上方，而是建在极点附近。预计几年以后，由于冰层的移动，可以使观测站"走"到极点上。即使这样，这个新站也只能用十多年。

这个事例说明了，南极冰盖处在不停的运动之中，即使在南极大陆的腹地，冰盖也在缓慢地移动着。为什么冰盖会移动呢？高山上的冰川挂在倾斜的山坡上，它受到地球的重力作用，会向下滑动。南极冰盖下面的地形有高有低，崎岖不

22

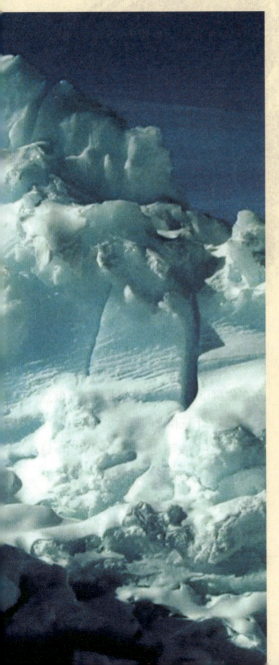

平，它移动的情况，和高山冰川不完全相同。冰是一种具有一定可塑性的固体，就是说，在一定的压力下，可以改变自己的形状，就像一块刚刚出锅的年糕，时间一长，就向四周"塌"下去，也就发生了移动的现象。当然，冰不像年糕那样软，不那么容易变形。但是，南极冰盖受的压力真的是太大了。我们知道：1立方厘米冰重约0.9克。尽管南极冰盖的冰密度比一般冰的密度略小，但是，几千米厚的冰层所产生的压力还是十分巨大的，在指甲盖那么大的面积上，承受的压力要达到几百千克！在这样强大的压力下，冰就会像年糕一样，不顾下面地形的起伏，缓慢地从中央向冰盖四周移动。降雪又不断地压在冰盖上，使它的压力不致减少，冰盖的移动也就每年不停地进行着。它的速度一般每年是几米到几十米。

到目前为止，南极各地几乎都有了人类的足迹。科学家已经测量出南极冰盖在不同地区的移动情况，并且把这些数据放进计算机里处理，作出了整个南极冰盖的流动速度图。它告诉我们，南极冰盖的运动中心大致在南纬81°、东经78°的地方。这里冰盖的海拔高度超过4 200米。南极冰盖就从这里出发，移向四面八方。

360° 全朝北 〉

假设我们从地球上各个不同的地方，沿着直线向正南方前进，最后总会在一点相遇。这一点，就是南极点。南极点是个非常奇特的地方。在南极点上，我们日常生活中的方向——东、西、南，完全失去了意义。这里只有一个方向——北方。站在南极点上的人们，不管向前、向后、向左、向右，总是朝向北方。因为南方在你脚下，360° 全是朝北。在南极点上，人们关于昼和夜的概念也不适用了。这里，一昼一夜不是一天，而是一年。每年南半球春分那天，太阳从地平线上升起以后，就一直在低空打转转，直到半年以后的南半球秋分那天，才慢慢地从地平线上消失，接下来又是半年漫长的黑夜。

24

南极大陆何时被冰覆盖 〉

南极并不是一直就在地球的最南端,科学家已经在地层中找到了证据,南极大陆是古冈瓦纳大陆的一部。在大约3亿年前到2.5亿年前之间,就已经出现了冰盖,但这和现代南极大陆的冰川与冰盖完全是两回事。古冈瓦纳大陆从1.5亿年前开始分裂,在7 000万年前南美、非洲、印度、南极洲和澳大利亚分离出来,5 000万年前南极洲和澳大利亚又进一步分离,这时的南极大陆开始发育冰川。

在距今3 000万年前形成非常大的冰盖,其后经过了冰期和间冰期交替变化,从250万年前大体上变成现在这样。大部分冰山是白色的,也有一些冰悬崖会出现蓝色、绿色、棕色或黑色,以及这些颜色的组合。

南极冰雪中有没有生命 >

从表面看，南极大陆周围的海冰洁白干净，一尘不染，如果你看到在海冰上钻取的冰芯或是看到破冰船翻起的海冰，就会发现海冰中间是黄褐色的，原来，南极大陆周围的海冰中间，生活着大量的藻类，即便是在南极寒冷的冬季也进行着光合作用。但你知道吗? 在终年严寒的大陆深处，甚至在几千米厚的冰雪之下，仍然存在着坚强的生命! 最近，俄罗斯南极考察站的科学家从南极冰下3 500多米处钻取到了一些生物。科学家利用一种专用微生物钻探装置取得了南极超深度冰层样品。冰层样品在严格消毒和密封的容器中融化，研究人员在融化的冰水中发现了具有生命形式的细菌、硅藻、酵母、菌类。令科学家惊奇的是，这些富有生命力的有机体竟能在3 500多米深的冰层里生存。对于这些生命物质的研究将有助于人们了解南极冰层深处的生态环境，从而进一步发现南极冰下不为人所知的一面，为进一步揭开南极奥秘提供了重要帮助。

有的科学工作者在沉积岩中发现一种十分陌生的细菌，大约已经有1万岁的"高龄"了。一种只能在显微镜下才能见到的微小生物，在这样冰天雪地的环境中生活了1万年，这当然是一个奇迹。因此，有人认为，这个发现可能会帮助我们解开地球上的生命起源之谜。

27

南极冰川正在高速流失 〉

由日本宇宙航空研究开发机构和美国航天局科学家组成的研究小组发现，南极冰川正在高速流失，部分冰川正以每天4~5米的速度流入海中。

日本宇宙航空研究开发机构说，调查过程中，两国科学家利用了日本、加拿大和欧洲的多颗人造卫星于1996—2009年间拍摄的3 000多张照片，对南极大陆所有冰体的移动进行了观测。

调查显示，南极冰川的移动速度非常快，很多地点的冰川以每年250米的速度流向大海。其中，冰川移动入海的最快速度为每天5米左右。

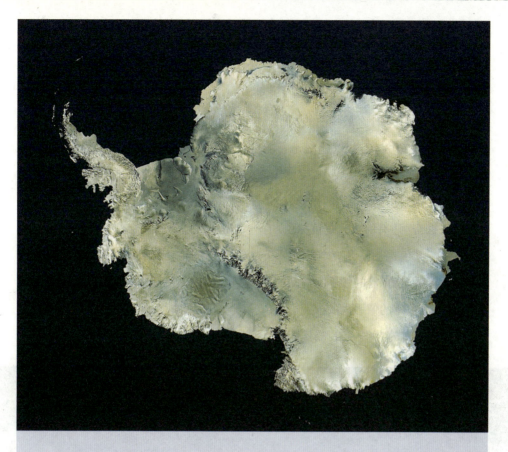

南极属于哪个国家

从 19 世纪 20 年代起，到 20 世纪 40 年代，各国探险家相继发现了南极大陆的不同区域，从而为本国政府对南极提出主权要求提供了依据。先后有英国、新西兰、澳大利亚、法国、挪威、智利、阿根廷等 7 个国家的政府对南极洲的部分地区正式提出主权要求，使这块万年冰封的平静的大地笼罩上国际纠纷的阴影。根据 1961 年 6 月通过的《南极条约》，冻结了以上 7 国对南极的领土主权要求，规定南极只用于和平目的，可以说，南极现在不属于任何一个国家，她属于全人类。

● 南极不可复制的自然风光

极光 〉

如果说极地有什么最瑰丽的景象，那么极光要算第一名。极光是极地特有的自然现象。在漫长的极夜中，突然，漆黑的天幕上闪现出绚丽夺目的光彩，该是多么令人振奋啊！有的极光是黄绿色，有的是红色、紫色、蓝色，有的像空中垂下的帘幕，随风摆动，有的像不断蹿动的火焰，映红天空，有的像强大的探照灯光，在天空摇曳。有的光华一闪，倏然即逝。

有的却持续很长时间。如果你愿意的话，还可以在它的照耀下读书看报哩！几百年来，凡是见过极光的人，没有一个不对变幻莫测的极光奇景惊叹不止。140多年前，一个航行在南极海区的船长就生动地记载过他所见到的南极极光的瑰丽景色："当时，几乎整夜都是一幅南极光的美妙景象。时而像高耸在头顶的美丽的圆柱，突然变成一幅拉开的帷幕，以后又

迅速卷成螺旋形条带,在我见到的种种景象中,再没有比这更壮丽的了。"

极光以它奇异的难以捉摸的幻景拨动着人们的心弦。诗人讴歌它,幻想家把它比作宝镜,而科学家则孜孜不倦地观察它,记录它,研究它,进而揭开它的秘密。人们发现,极光只能在纬度60°以上地区看到,越是接近极点,看到极光的机会越多。人们还发现,极光发生的地方,往往是在离地面100千米以上的天空,最高可到1200千米的高空。离地面80千米以下的天空,不是极光活动的场所。 人们又发现,太阳黑子出现得多的时候,极光出现的次数也多。

用来形容极光的词很多,但无论用哪一个都难以表达出极光的神奇和美妙。极光是令人神往的自然奇观,是南极和北极最为瑰丽的景色。在南极的漫漫长夜,有时几乎整个天空都是一幅极光的美妙景象,有时,极光就像传说中天女手中飞舞的长长的彩色飘带,有时变化迅猛,形状转瞬即逝,有时又像天边一缕淡淡的烟霭,久久不动;有时似漫天光箭从天而降,几乎举手可触,有时又像原子

弹爆炸后的蘑菇云腾空而起,令人望
而生畏。当然,这一切都发生在距离地
面100千米以上的大气层里。

　　五彩缤纷、变幻莫测的极光给在
南极洲越冬的科学家们带来了无穷的
乐趣,也减低了漫长冬季给人们心理
上带来的压抑。极光的亮度有强有弱,
强极光的亮度可以把考察站建筑物的
轮廓照亮,甚至照出物体影子。

乳白天空 〉

南极洲的低温和冷空气的特殊作用还能产生一种十分危险的天气现象，这就是南极探险家谈之色变的乳白天空。发生这种天气现象时，天地之间浑然一片，人仿佛融入浓稠的牛奶里，一切景物看不见了，方向也迷失了，而且人的视线会产生错觉，分不清景物的距离和大小。造成这种幻境的原因，是由于太阳光射到冰层后又反射到低空的云层里，而低空云层中无数细小的雪粒又像千万个小镜子，将光线四散开来，这样来回反复地反射，便形成白茫茫雾漫漫的乳白天空。

对于在极地上空飞行的飞机，驾驶员会因分不清天上地下而失去控制，不少极地飞机失事的原因皆是如此。1958年，在埃尔斯沃思基地，一名直升飞机驾驶员就因为遇到这种可怕的乳白天空，顿时失去控制而坠机身亡。1971年，另一名驾驶"LC—130大力神"飞机的美国人，在距离特雷阿德利埃200千米附近的地方，遇到了乳白天空，突然坠机失踪，一直下落不明。在野外工作的考察队员遇到突如其来的乳白天空也很危险，因迷失方向而出事的时有发生。有的滑雪者突然摔倒在地，有的汽车翻车肇事，因此坠入冰裂缝而伤亡的也大有人在。

对于乳白天空，对地面人员最安全的防范措施说来很简单，就是呆在原地不动，注意保暖，然后耐心地等待乳白天空消失，或救援人员来营救。

● 南极世界之最

世界最寒冷之极 ＞

南极洲的年平均气温在-28℃，大陆内部的年平均气温在-40℃～-60℃，最低气温达-89.6℃，是1983年7月在南极冰盖高原的东方站测到的，这是目前世界上的最低气温。而北极的年平均气温较南极高20℃，北极的冬季相当于南极的夏季，南极的冬季就是地球上最寒冷之极。

暴风雪最强之地 ＞

南极沿海地区的年平均风速为17~18米/秒，阵风可达40~50米/秒。最大风速达到100米/秒，被喻为"世界的风极"、"风暴杀手"。

冰雪量最多的大陆 ＞

南极洲的面积约1 400万平方千米，约为地球陆地总面积的1/10。南极大陆

上的大冰盖及其岛屿上的冰雪量约为 24×10⁶立方千米，大于全世界冰雪总量的95%。如果这些冰雪量全部融化，全球的海平面将升高50~60米，世界的陆地面积将有2 200万平方千米被海水淹没。

最干旱的大陆 〉

南极大陆的年平均降水量为55毫米，随着大陆纬度的增加降水量明显减少，大陆中部地区的年降水量仅有5毫米。在南极点附近，年降水量近于零，比非洲撒哈拉大沙漠的降水量还稀少。所以，南极是世界上最干旱的地区。其主要原因是固态的冰雪降落在大陆后形成巨大的冰盖，加之极端寒冷的气候和极少的日照量，冰盖的累积量还略大于消融量，形成干燥的"白色沙漠"。

平均海拔最高的大陆 〉

众所周知，世界五大洲的平均海拔

高度依次是亚洲950米，北美洲700米，非洲650米，南美洲600米，欧洲300米。而南极洲的平均海拔高度是2 350米。那是因为南极大陆上巨大而厚的大冰盖所致。冰盖的平均厚度为2 200米，最大厚度达4 800米，使南极大陆的平均海拔高度达到2 350米，居世界之首。

最荒凉孤寂的大陆 >

南极大陆是世界上至今唯一没有常住居民的大陆。只有一些南极考察国家的科学考察人员短期地在南极工作，每年约2 000人。大陆四周被大洋包围，极端的低温和恶劣的气候环境，大陆上仅有低等植物苔藓、地衣、企鹅、海豹等适

南极洲必肯峡谷的冰层

应南极极端恶劣自然和生态环境的本地动植物。南极称得上地球的洪荒之地和最荒凉孤寂的大陆。

最长昼夜的大陆 〉

在地球的南北极圈内会出现半年是白天、半年是黑夜的奇特现象，人们称之为极昼和极夜。极昼和极夜是仅在南北极高纬度地区出现的一种高空物理和天气现象，随着纬度的增高而越明显。它是由于地球的自转轴与地球围绕太阳运转轨道平面之间造成的。

最洁净的大陆 〉

由于南极大陆至今没有常住居民，更没有工业废物污染，少许的科学考察人员和旅游者的人为影响也是有限的，所以南极大陆至今仍是原始生态、洁白无瑕的冰雪世界、真正的世界野生公园和最洁净的大陆，也是科学实验最理想的圣殿。

冰中温室 〉

有的科学工作者还用钻机在一个冻结的湖面打钻，发现冰下的水温高达27℃，但是水下的沉积物温度并不高。科学家推测，也许是湖面上的冰层起了透镜的作用，一方面允许阳光透入，加热湖水，一方面又阻挡了湖水热量的散失，就像我们常见的温室那样。

南极的生物状况

南极洲大陆由厚厚的冰层覆盖着，是一块充满着神秘色彩的土地。在那里，没有奔腾的江河和潺潺的溪流，没有繁茂的树木和青青的小草，没有村庄，没有道路，更没有长满各种庄稼的田野。它是一个白茫茫的寂静的冰雪世界。终年不停的风暴和极度的严寒，几乎不允许任何生物在这里定居。在很少数没有冰雪的山谷里，偶尔可以找到一星半点的紧贴在岩石上面的苔藓、地衣等低等植物。步履蹒跚的企鹅、蠢笨的海豹以及一些翩跹的海鸟才是南极大陆海岸边仅有的土著"居民"。不过，它们一生中的大部分时间也要在海中度过，因为它们在贫瘠的大陆上，找不到任何可以充饥的食物。海水中或陆地边缘的常见动物有海豹、海狮和海豚，鸟类有企鹅、信天翁、海鸥、海燕等；海洋中盛产鲸类，有蓝鲸、鲱鲸和驼背鲸等，是世界上产鲸最多的地区。南极周围海洋中还盛产磷虾，估计年捕获量巨大，可供人类对水产品的需求。

聪明的南极磷虾 ▷

在寒冷的海水中，生物的生长缓慢而艰难，海绵和海星的寿命都要超过40年。小小的磷虾也感到了生存的压力。南极磷虾大多生活在海水50米以内的表层。冬天的海水刺骨难耐，食物短缺，在这些月份里，由于海水结冰，它们只能靠吃从冰层上刮擦下来的海藻活着。最不可思议的是，磷虾为了减少能量的消耗，能够收缩身体，把自己恢复到幼年时期的样子，以度过寒冬。

科学家估计南极磷虾资源量为10亿~50亿吨，有人甚至估计上百亿吨，但根据实测结果估计，其蕴藏量为4亿~6亿吨，当然这不是最后结论。实际上，磷虾资源量有很大的年际变化，每年的资源量是不同的。同时由于过去对南冰洋初级生产力估计过高，因而磷虾资源量可能没有估计的那样多。随着世界人口的增加，人类对蛋白质的需求也在增加。水产品是蛋白质的一个重要来源，但是由于过度捕捞，传统的鱼类资源正在衰退，传统渔场在消失，渔汛不明显，湖泊等自然水域所能提供的水产品已呈饱和状态。在此情况下，人们自然而然希望另找出路，开辟新的蛋白资源，于是南极磷虾便成为大家追逐的对象。

研究南极磷虾总量对于磷虾的合理开发，保护南大洋生态系统是至关重要的，根据这些成果，可以制定合理的磷虾捕捞限额，使磷虾资源不受破坏。

企鹅的南极 ⟩

地球的南北两端，是这个星球上最寒冷的地方。当海洋结冰的时候，也意味着极地最冷季节的到来。即使是生活在这里习惯了寒冷的动物大多数也难以抵挡冬日的严寒，有谁能度过这世界上最冷的寒冬，它们又经历了怎样的冬天呢？

企鹅被称为这片冰雪大陆的主人，是这里最主要的一种生物。在南极有7种企鹅，当冬天的脚步渐渐临近的时候，大多数的企鹅便纷纷上路了，它们要去北方相对温暖的海域躲避即将到来的严寒。

懵懂，优雅，偶尔有一点笨拙，这是企鹅的舞步。在沉寂千万年的大陆上，它们生息、繁衍，从冰川到海水，从海水到冰川，如此往返。

世界上约有17种企鹅，全部分布在南半球，以南极大陆为中心，北至非洲南端、南美洲和大洋洲，主要分布在大陆沿岸和某些岛屿上。南极企鹅有7种，约有1.2亿只，它们是：帝企鹅、阿德利企鹅、金图企鹅(又名巴布亚企鹅)、帽带企鹅(又名南极企鹅)、王企鹅(又名国王企鹅)、喜石企鹅和浮华企鹅。这7种企鹅都在南极辐合带以南繁殖后代，其中前4种在南极大陆上繁殖，后3种在亚南极的岛屿上繁殖。

41

帝企鹅的爱之路 ＞

帝企鹅是南极企鹅中个头最大的一种，它的身高有1.2米，体重能达到40千克，因为具有王者之相，而被称为帝企鹅。它是唯一终年生活在南极本土的企鹅。作为极地最寒冷的地区，南极南部是帝企鹅延续了千万年的古老的繁殖地，在生命的8年时间里，它们将有6次往返于这里找寻爱人，繁衍后代。那里四面环山，没有任何食物，科学家在那里测到的温度最低时曾经达到过-89℃，在很长的时间里，人们对于它们这种奇怪的行为感到费解，它们之所以选择这里来延续企鹅家族的命脉，是因为这里没有气候的突变，也很少有天敌的袭击，环境相对稳定。但是如此的低温寒冷，没有食物的恐怖地带，小企鹅如何降生的呢？

站在冰封的海面上，帝企鹅也感受到了南极暴风雪强大的威力，在比12级大风还猛烈3倍的暴风雪中，它们也只能选择依靠群体的力量，紧紧地相拥在一起，抵御寒冷。而企鹅妈妈就在这冰天雪地里产下了企鹅蛋。产卵后它们就把蛋交给企鹅爸爸来孵化，离开这里去几百千米外的海域为丈夫和即将出生的孩

子寻找食物。高大的帝企鹅皮下脂肪比其他企鹅要厚很多，加上厚厚的羽毛，给企鹅蛋提供了最温暖的巢穴，雄企鹅把蛋放在自己的脚和肚皮之间，令人难以置信的是，在周围零下50多摄氏度的环境里，这里的温度竟然能够达到零上38℃。孵蛋经历就这样开始了，可怕的暴风雪，终日不见阳光的极夜，不吃不喝，这样的日子要熬上100多天。

磷虾是企鹅最爱的美食，这片海域的磷虾为帝企鹅妈妈提供了足够的食物，远方的丈夫和孩子在等待着它们，它们必须要回去了。

漫长的100多天终于熬过去了，这时候小帝企鹅已经破壳而出了，在等待的100多天里，雄企鹅只靠吃雪来补充水分，靠消耗体内的脂肪来维持生命，它们的个子矮了20厘米，体重减轻了几千克，它们必须要去几百千米以外的地方觅食，而吃饱食物的企鹅妈妈要用肚中积存的食物继续喂养小企鹅。直到春天到来，小企鹅有了独立生活的能力，它们一家才能团聚，到外海生活。因为帝企鹅这种在严寒中特殊的繁殖习惯，所以整个的繁殖扶养过程只能是由爸爸妈妈共同承担。帝企鹅能在世界上最寒冷的地方繁衍后代，被称为生物界的奇迹。而第二年的冬天它们依然会再来这里，赴这个寒冷的约会。

维德尔海豹 〉

当冰封的海面温度在可怕的-50℃徘徊的时候，冰面下的水中世界也是寒冷刺骨。冻结的海是无穷尽的世界，冰层下是一个阴森奇妙的静止空间，无论是生活在陆地还是水中的动物，海水结冰对于它们都是极大的考验。

维德尔海豹整个冬天都只能呆在冰面下的海水里。维德尔海豹是著名的潜水专家，能深入到海中四五百米的深处觅食。但是即使潜水时间再长也需要呼吸，海水中虽然躲过了冰面上肆虐的暴风雪，但是冰面上提供呼吸的冰洞，在零下几十摄氏度的低温下却很容易被冻结，整个冬天，它只有不停地一次又一次地游上来，拼命用自己的牙齿刮擦掉呼吸口冻结的海冰。它们的牙齿被磨损得很厉害，甚至磨出了血，以至于不能捕猎，甚至于不能进食，因此，原本有20多年寿命的维德尔海豹有很多在十几岁时就死掉了，这是个残酷的冬天，却也是生活在寒冷的极地不得不付出的代价。

44

鞍纹海豹 >

在寒冷严酷的环境下尽快地学会独立生存是必须的。鞍纹海豹在浮冰上产卵，鞍纹海豹的哺乳期很短，不过它们采取的是强化式的喂养方式，小海豹只吃12天的母乳，但是母乳中45%的成分都是脂肪。这是小海豹独自面对严寒所必需的能量，而冠海豹的孩子只能吃到4天的母乳，这是所有哺乳动物中持续时间最短的哺乳期。然后海豹妈妈便会舍子而去，留下小海豹独自谋生。这并不是因为海豹妈妈无情，而是因为极地的浮冰群瞬息万变，没有长时间哺乳的环境。但是即使这样，小海豹也会顽强地生存下去。

漫长而严酷的寒冬终究会过去，冰雪消融，极地迎来了短暂的夏天。在这最好的时光里动物们会休养生息，迎接下一个严寒的到来，生命也就如此这般地循环往复。没有人知道，它们为何要选择寒冷，只知道这需要爱、抗争和无比的勇气。

● 南极的探索与发现

第一个到达南极点的人 ⟩

1911年12月14日，挪威著名极地探险家罗阿德·阿蒙森历尽艰辛，闯过难关，终于成为人类历史上第一个登上南极点的人。

阿蒙森从小喜欢滑雪旅行和探险，他是世界西北航道的征服者，曾经3次率探险队深入到北极地区。1897年，他在比利时探险队的航船上担任大副，第一次参加了南极探险活动。1909年，当他正在"先锋"号船上制订征服北极点的计划时，获悉美国探险家罗伯特·皮尔里已捷足先登，他便毅然决定放弃北极之行的计划，改变方向朝南极点进发。

1910年8月9日，阿蒙森和他的同伴们乘探险船"费拉姆"号从挪威启航。他在途中获悉，英国海军军官斯科特组织的南极探险队，也是以南极点为目标，早在两个月前就出发了。这对阿蒙森来说，是一个不是挑战的挑战，他决心夺取首登南极点的桂冠。

经过4个多月的艰难航行，"费拉姆"号穿过南极圈，进入浮冰区，于1911年1月4日到达攀登南极点的出发基地——鲸湾。阿蒙森在此进行了10个月的充分

罗阿德·阿蒙森

罗阿德·阿蒙森

贺胜利，并把一面挪威国旗插在南极点上。他们在南极点设立了一个名为"极点之家"的营地，进行了连续24小时的太阳观测，测算出南极点的精确位置，并在点上叠起一堆石头，插上雪橇作标记，还在南极点的边上搭起一顶帐篷。阿蒙森深信斯科特很快就能到达南极点，而自己的归途又是相当艰难的，任何意外都有可能发生。于是，他便在帐篷里留下了分别写给斯科特和挪威哈康国王的两封信。阿蒙森这样做的用意在于，万一自己在回归途中遇到不幸，斯科特就可以向挪威国王报告他们胜利到达南极点的喜讯。

准备，于10月19日率领5名探险队员从基地出发，开始了远征南极点的艰苦行程。前半部分六七百千米的路程，他们乘狗拉雪橇和踏滑雪板前进。后半部分路程主要是爬坡越岭，尽管遇到许多高山、深谷、冰裂缝等险阻，但由于事先准备充分，加上天公作美，他们仍以每天30千米的速度前进。结果仅用近两个月的时间，于12月14日胜利抵达南极点。阿蒙森激动的心情简直难以言表。他们欢呼拥抱，庆

阿蒙森在南极点上停留了3天。12月18日，他们带着两架雪橇和18只狗，踏上了返回鲸湾基地的旅途。1912年1月30日，他们再乘"费拉姆"号离开南极洲，于3月初抵达澳大利亚的霍巴特港。

阿蒙森伟大的南极点之行，轰动了整个世界，人们为他所取得的成就欢呼喝彩。在这片世人从未涉足的地方，踩下了人类的第一个脚印。

南极的科学考察

100多年间，人类对南极的探索逐渐从探险变成了科学考察。目前，世界上共有28个国家在南极建立了53个科学考察站，150多个科学考察基地。科学家在这里进行地球物理、地球化学、大气、海洋等多学科研究。之所以要在这里建立这样多的科学考察站，是因为这里是人类唯一没有破坏的科学殿堂，南极是全人类的科学天堂和共同家园。

目前全球共有28个国家在南极建立了53个常年的科考站，主要是

1. 澳大利亚3个（凯西站，戴维斯站，莫森站）

2. 阿根廷4个（奥尔卡达斯站，贝尔格拉诺将军站，圣马丁站，普里马维拉站）

3. 俄罗斯5个（东方站，俄罗斯站，青年站，列宁格勒站，新拉扎列夫站）

4. 德国1个（格·冯·诺伊迈尔站）

5. 法国2个（迪蒙·迪维尔站，迪尔维尔站）

6. 美国3个（阿蒙森–斯科特站，帕默站，塞普尔站）

7. 南非1个（萨纳站）

8. 日本3个（富士圆顶站，昭和站，瑞穗站）

9. 韩国1个（世宗王站）

10. 新西兰2个（斯科特站，万达站）

11. 英国4个（罗瑟拉站，法拉第站，格吕特维肯站，锡格兰尼岛站）

12. 中国3个（长城站，中山站，昆仑站）

南极众多的考察站，根据其功能大体可分为：常年科学考察站、夏季科学考察站、无人自动观测站3类。从各国南极科学考察站的分布来看，大多数国家的南极站都建在南极大陆沿岸和海岛的夏季露岩区。只有美国、俄罗斯（苏联）和日本在南极内陆冰原上建立了常年科学考察站。从科学考察价值看，南极一共有4个非常有地理价值的点："极点""冰点""磁点"和"高点"，其中，美国建在南极点的阿蒙森·斯科特站、俄罗斯（苏联时期）占据"南极冰点"，建立了东方站；法国、意大利了占据"南极磁点"，建立了迪蒙·迪维尔站最为著名；冰盖高点冰穹A尚未建立科考站。

美国的阿蒙森·斯科特站 〉

阿蒙森·斯科特南极站是地球长期有人居住的最南处，名称是为纪念在1911年第一个抵达南极点的罗阿德·阿蒙森，和在1912年抵达南极点的罗伯特·斯科特。

为支持1957年国际地球地理年，美国在1956年开始建设阿蒙森·斯科特站，此后一直有人居住此地。阿蒙森·斯科特站海拔约2 835米，位于一望无际的南极大陆冰床上，在这个位置的厚度约2 850米，雪约以每年60~80毫米（换算成水）的速度累积。有记录的气温在-13.6℃~-82.8℃之间。年均气温-49℃。月均气温在12月的-28℃到7月的-60℃之间。平均风速5.5米每秒，有记录的最大阵风24米每秒。

阿蒙森·斯科特站是南极内陆最大的考察站。可以容纳150名科学家和后勤人员。阿蒙森·斯科特站的所有建筑材料都用LC-130大力神飞机运送，外观像一个机翼，由36根"高跷"支撑，距离地面3.05米，风在考察站底下加速，可以防止雪的堆积。当雪堆积得太厚，液压千斤顶可以再把建筑抬高两层楼。由于冰层以每年平均10米的速度向南美洲方向移动，所以考察站的实际位置已偏离了南极点。为此美国制订考察站重建计划，现已完成了新油库和机场跑道工程，整个计划预计5年完成。

俄罗斯南极东方站 >

东方站,英文是Vostok Station,又称沃斯托克站,是所有南极考察站中海拔最高的一个,也是最靠近南极点的一个考察站。位于澳洲南极洲领地东南极冰盖的中心——南磁极附近,南纬78° 28′,东经106° 52′。海拔3 600米,由前苏联建于1957年12月16日,时值国际地球物理年。这里空气中的含氧量很低,相当于其他大陆5 600米高的空气含氧量。东方站几乎是南极洲最冷的地方,1983年7月21日,测得−89.2℃,人们将这里称为南极的"寒极";在这里冰川学家打出了世界最深的钻孔,深达2 600米(计划打到3 700米);由于这里气候酷寒而且风大,被称

51

为南极不可接近地区。考察站全年运作至今已近60年，现由俄、美、法三国科学家合作营运。该站一般有30名左右的工作人员，主要从事地球物理、高层大气物理、气象学、环境学和冰川学方面的研究。

南极洲是如此寒冷，以致在这里的大部分地区雪从来不会融化，泼水即成冰。该地区的平均温度大约是零下48.9℃，使其成为地球上最寒冷的地方。寒冷的天气条件下履带牵引车有时会无法正常行驶，很难往东方站运送燃料和相关设备。出于节省开支等方面的考虑，科研人员曾经三次暂时关闭东方站。

法国、意大利南极磁点的迪蒙·迪维尔站 〉

　　迪蒙·迪维尔站为法国在南极的第一个常年考察站，1950年开站，站址就位于当年法国南极探险先驱迪蒙·迪尔维尔发现的Port-Martin，然而这个考察站却在1952年1月的一场大火中被烧得荡然无存，法国人不得不在距离该站不远地方重新建立居住的设施，以便能够越冬。直到1957—1958年第四次国际极地年，新考察站建立，替代前面的老站，并运作到今天。该考察站同时也是法国目前在南极的两座考察站之一（另外一个是与意大利联合建立的Dome C站），考察站建筑面积5 000余平方米，能够满足30名队员越冬，120名队员度夏，同时也是向内陆Dome C站运输补给的后勤基地。每年的11月至次年的3月，法国的极地破冰船都会往返于澳大利亚霍巴特和该考察站之间，执行后勤补给和科研调查任务，站上配备有大气物理、太阳活动、气候、地磁等多学科观测的设施和设备。

● 南极的中国科考站

中国从1980年起派科学家到外国南极考察站同外国科学家一起开展南极科学研究。1985年2月20日在南设得兰群岛的乔治王岛上（南纬62°13′、西经58°58′）建成了中国第一个南极考察站——长城站。1988年底选定南极大陆另一端的达拉斯曼地区南纬69°22′、东经76°22′处建立了中国第二个南极考察站——中山站。

从1984年起，中国已多次派出了考察队。自第五次起，考察队兵分两路，一路奔向长城站，一路奔向中山站。中国在两个站上进行的主要考察项目有：地球物理、生物、地质、冰川、环境、气象、高空大气物理、人体生理医学等。

1989年7月27日，由中、法、美、俄、英、日6国各1名队员组成的1990年国际横穿南极探险队从南极半岛出发，沿着过南极

长城站全景

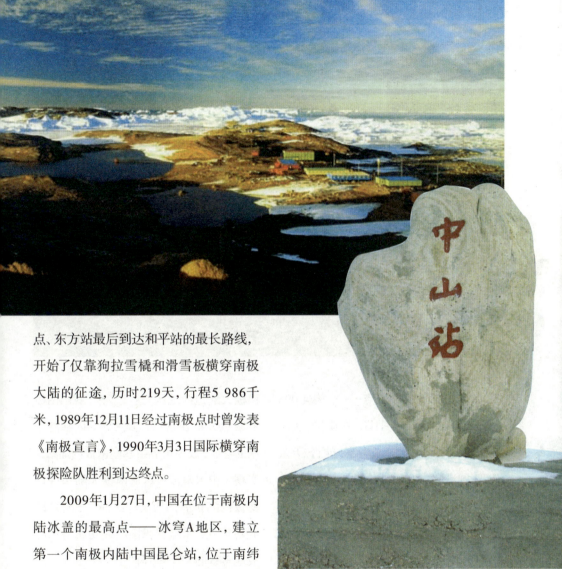

点、东方站最后到达和平站的最长路线，开始了仅靠狗拉雪橇和滑雪板横穿南极大陆的征途，历时219天，行程5 986千米，1989年12月11日经过南极点时曾发表《南极宣言》，1990年3月3日国际横穿南极探险队胜利到达终点。

2009年1月27日，中国在位于南极内陆冰盖的最高点——冰穹A地区，建立第一个南极内陆中国昆仑站，位于南纬80° 25'01''，东经77° 06'58''，高程4 087米，冰穹A地区空气稀薄，年平均温度接近零下60℃，含氧量仅为内陆的60%左右，被学者称为"不可接近之极"，距离中山站直线距离1 300千米。南极昆仑站是中国在南极建立的第三个科学考察站。

2010年1月6日，在中国第26次南极科学考察期间，中国南极内陆考察昆仑站队

企鹅仪仗队"趾高气昂"地授着考察队员的检阅

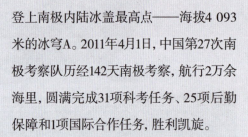

登上南极内陆冰盖最高点——海拔4 093米的冰穹A。2011年4月1日，中国第27次南极考察队历经142天南极考察，航行2万余海里，圆满完成31项科考任务、25项后勤保障和1项国际合作任务，胜利凯旋。

昆仑站的建成意味着，中国成为第一个在南极内陆建站的发展中国家。中国虽然是南极的迟来者，起步较晚，但近些年随着国力的提高和科技水平的发展，前进的步伐相当快。昆仑站将是中国南极科考的又一个里程碑。

由于我国南极长城站、中山站都在南极大陆边缘地区，这些年来，我国南极考察也大都在这些区域展开。内陆昆仑站的建成，成为世界第六座南极内陆站，实现了中国南极科考从南极大陆边缘向南极内陆扩展的历史性跨越，昆仑站的成功建立，标志着我国已成功跻身国际极地考察的"第一方阵"。

南极洲是地球上最遥远、最孤独的大陆，它严酷的奇寒和常年不化的冰雪，长期以来拒人类于千里之外。数百年来，为征服南极洲，揭开它的神秘面纱，数以千计的探险家，前仆后继，奔向南极洲，

昆仑站

表现出不畏艰险和百折不挠的精神，创造了可歌可泣的业绩，为我们今天能够认识神秘的南极作出了巨大的贡献。我们在欣赏南极美丽景色的同时，不会忘记对他们表示我们崇高的敬意。

超低温雪地车队在行动

南极研究科学委员会

南极研究科学委员会简称 SCAR，隶属国际科联，是专门组织、协调南极科学研究的国际性学术组织。SCAR 每两年召开一次会议，以促进南极条约协商国成员国之间及其他国际学术组织的交流与合作。大会期间还举行生物、地质、冰川、气象、高空大气物理、大地测量与制图、人体生理医学等学科的分组学术讨论会和南大洋生态与生物资源、海豹等方面的专家组会议。SCAR 自 1958 年成立至今召开过 21 次会议。1991 年 SCAR 在德国不来梅举行大规模的南极科学大会，回顾、总结了 30 年里在南极研究方面各重大学科取得的进展。SCAR 最重大的研究课题是"南极在全球地圈－生物圈计划中的作用"。SCAR 现有 21 个正式成员国和 7 个非正式成员国。中国在 1986 年 6 月举行的第十九届会议上被接纳为正式成员，并参加了第十九届以后的各届会议。中国也成立了与国际 SCAR 相对应的中国南极研究科学委员会，统一协调全国的南极科学研究工作。

● 北极世界

这是人烟稀少的地球最北端，时常会有璀璨壮丽、千变万化的美丽光带在空中舞动，有时它像垂挂着的绿色窗帘，有时泛着微弱的光，这光的颜色绝对是独一无二的，从没有过相同的时候。这光神秘、梦幻，变化无常，它是一道奇异的风景，吸引了无数探险者、科考者、旅游者。这就是北极五彩缤纷、形状不一、绮丽无比的极光。如果你有机会到阿拉斯加，一定要看看那迷人的北极光，捕捉那千变万化的超级"电光秀"！

北极地区自然状况 ＞

北极地区为亚、欧、北美三大地区所环抱,近于半封闭。北极是指北纬66° 34'(北极圈)以北的广大区域,也叫作北极地区。北极地区包括极区北冰洋、边缘陆地海岸带及岛屿、北极苔原和最外侧的泰加林带。如果以北极圈作为北极的边界,北极地区的总面积是2 100万平方千米,其中陆地部分占800万平方千米。也有一些科学家从物候学角度出发,以7月份平均10℃等温线(海洋以5℃等温线)作为北极地区的南界,这样,北极地区的总面积就扩大为2 700万平方千米,其中陆地面积约1 200万平方千米。而如果以植物种类的分布来划定北极把全部泰加林带归入北极范围,北极地区的面积就将超过4 000万平方千米。北极地区包括整个北冰洋以及格陵兰岛(丹麦领土)、加拿大、美国阿拉斯加州、俄罗斯、挪威、瑞典、芬兰和冰岛8个国家的部分地区。

北极圈 >

北极圈是指北寒带与北温带的界线，其纬度数值为北纬66° 34'，与黄赤交角互余，其以内大部分是北冰洋。北极圈的范围包括了格陵兰岛、北欧和俄罗斯北部，以及加拿大北部。北极圈内岛屿很多，最大的是格陵兰岛。

北极点 >

北极点，即是指地球自转轴与固体地球表面的交点。你若站在极点之上，"上北下南左西右东"的地理常识便不再管用。你的前后左右，就都是朝着南方。你只需原地转一圈，便可自豪地宣称自己已经"环球一周"。

当然在极点，也会遇见难分时间的麻烦。众所周知，人类把地球按照经度线分成了不同的时区，每15° 一个时区，全球共24个时区，每个时区相差1小时。而对于极点来说，地球所有经线都收拢到了一点，无所谓时差的划分，也就失去

了时间的标准。若在极点进行一场乒乓球比赛，那只小小的球，便一会儿从今天飞到了昨天，一会儿又从昨天飞回今天。要从地形上指出北极点的准确位置，是一件十分困难的事情。因为北极点上的地物是一些相互碰撞、相互碾压的大堆块冰，这些块冰又朝顺时针方向，时停时进地在北冰洋上打圈圈。因此，用以辨别北极点的冰层，可在一星期内漂离很远。只有用仪器，才能精密地确定北极点的准确位置。

北冰洋 〉

北冰洋一名源于希腊语，意思是正对着大熊星座的海洋。1845年，伦敦地理学会把欧、亚、美大陆环抱的这个洋，正式命名为北冰洋。

北冰洋在世界四大洋中，是面积最小、深度最浅的一个。它的面积为1 478平方千米，与南极洲相当，仅为太平洋的1/2，它的水深平均为1 097米，不到太平洋的1/3，最大水深为5 499米，仅为太平

洋的马里亚纳海沟的一半。北冰洋千里冰封，气候严寒，环境恶劣，人类对它的了解还很肤浅，所收集到的科学资料，与其他洋区相比要少得多，因此，北冰洋迄今仍有许多不解之谜。

北冰洋按自然地理特征可分为北欧海域和北极海域。

北欧海域，大致位于斯匹次卑尔根群岛以南，包括挪威海、巴伦支海和白

海，面积约408万平方千米，占北冰洋总面积的31%。它是北冰洋中水温和气温较高、降水量较多、冰情较轻、海洋生物资源较丰富的海域。

北极海域位于斯匹次卑尔根群岛和阿拉斯加、加拿大北极群岛之间，是一个长3 000千米、宽2 000千米的椭圆形海域。按其水深及成因又可分为两部分，一是大部分属于大陆架范围的边缘海，如喀拉海、拉普捷夫海、东西伯利亚海、楚

科奇海、波弗特海、巴芬湾以及北极群岛间各大小海湾与海峡；二是北冰洋的中央部分或主体部分。这两部分的共同特点是水温、气温较低，各类浮冰分布范围广，海洋生物种类和数量较少。

北冰洋的海底地形是一个呈椭圆形的大海盆，被3条主要海岭阿尔法海岭、罗蒙诺索夫海岭和北冰洋洋中脊所分割。罗蒙诺索夫海岭，高峻而陡峭，它从新西伯利亚群岛穿过北极点附近一直延

伸到格陵兰岛北岸，全长1 800千米，高出深海平原2 500米以上，它支配着整个海盆的地形。阿尔法海岭，也称门捷列夫海岭，从亚洲一侧的弗兰格尔岛起，延伸到格陵兰岛一侧的埃尔斯米尔岛附近，与罗蒙诺索夫海岭会合。

北冰洋洋中脊，也称南森海岭，位于罗蒙诺索夫海岭的另一侧，它起自勒拿河口，到格陵兰岛北侧，与穿过冰岛而来的北大西洋海岭连接，长约2 000千米，宽约200千米，北冰洋洋中脊上有许多裂岩，有平行于轴向延伸的磁异常条带，还有垂直于轴向的横向断裂带，因此，它是全球洋中脊体系的组成部分。

北冰洋深海区被3条海岭分为两大部分，靠近欧亚大陆一侧的为欧亚海盆，深度一般为4 000米，最大深度为5 499米，位于斯瓦尔巴群岛以北，是北冰洋的最深处。靠北美洲一侧的为加拿大海盆，罗蒙诺索夫海岭和阿尔法海岭之间的海盆为马卡洛夫海盆。此外，北冰洋大陆边缘还被许多海底峡谷分割，其中最大的是斯瓦大亚安娜峡谷，位于喀拉海北部，长达500多千米。

北冰洋海底地形的最大特点是大陆架非常宽广，面积约为440万平方千米，约占整个北冰洋的1/3。在欧亚大陆以北，大陆架从海岸向海里一直延伸1 000千米左右，最宽处可达1 200~1 300千米，为世界诸海大陆架宽度之最。在阿拉斯加以北，大陆架比较狭窄，只有20~30千米。鉴于北冰洋的深海区在整个大洋中

所占比例远小于其他三大洋，平均水深浅，周围又被陆地环泡，所以，也有人把北冰洋称为地球上一个最大的地中海。

北冰洋中岛屿众多，在四大洋中，其岛屿数量和面积仅次于太平洋。北冰洋的岛屿总面积约为380万平方千米，大多数位于大陆架上，其成因同陆地相似，所以称为大陆岛。最大的岛屿是格陵兰岛，面积为217.5万平方千米，是世界上最大的岛屿，岛上著名的冰盖称为"冰期的化石"，中央厚度达3 400米，冰盖几乎覆盖全岛。最大的群岛是加拿大的北极群岛。

北冰洋的食物链有什么特点 〉

北冰洋的浮冰下面，并非如常人想象的那样，是寒冷、黑暗和寂静的深渊。恰恰相反，它是一个生机勃勃的世界。

春天，温暖的阳光促进海藻的生长，在浮冰底部形成一个褐色的海藻层，尽管海藻仅占海洋植物总量的1/10，但它提供了海冰中几乎全部的食物来源，是海洋食物链的基础。可以这样说，如果没有海藻，北极海洋中的一切生物包括大型哺乳动物都将不复存在。海藻成为各种形如磷虾的小甲壳类动物所狼吞虎咽的饵料，而小甲壳类动物又招引来北极鳕，

这是一种细小的总是围绕着浮冰区边缘打转的海洋鱼类。微小的海洋动物以浮游植物（海藻）为生，同时，它们又被较大的海洋动物吞食。在北极的这道长长的食物链中关键的一环是北极鳕，正像南大洋中的磷虾一样，它扮演着既是捕食者，又是牺牲品的双重角色，完成了将能量由低级转移到高级水平的任务——即从浮游生物转移到鲸和海豹之类的海洋哺乳动物。处在这一食物链最顶端的则是北极熊和因纽特人。

北极光 〉

夏季，北极圈以北地区将出现午夜太阳景观，持续一至两个月——是一种持续白昼现象。午夜太阳现象是指当太阳位于正北，你可以看到它的中心点。因此，"日"和"夜"的概念变得模糊，夜晚也仅相当于白昼变暗。午夜太阳光赋予美景神秘的色彩。

夏季的午夜太阳相对应的则是冬季的极夜现象。极夜时太阳24小时位于地平线以下，正午时分，如果太阳还处于地平线以下，光线会变得昏暗，持续数小时。因此，冬季是欣赏舞动在夜空中的北极光的大好时机。无数人认为北极光是这个星球上最美丽、最奇特和最迷人的景象。

北极光的形成是因为带电粒子以极大速度闯入地球磁场，推动太阳风吹到地球表面。因此，北极光的最佳观测地位于具有磁力的极地附近。极光现象常年发生，但只有在黑夜的天空才能观赏到。

远古时期的神话和传说记载了北极光现象。芬兰人称之为"revontulet"，翻译为"狐狸火"，这表明据传说记载，北极光是狐狸毛皮产生的火花。现如今，观察员们将其描述为"负伤之龙为活着而战斗"的令人窒息的美景。拉普兰的冬至时分，在天气条件适宜的情况下，北极光频繁出现。而阿比斯库山巅也是北极光观赏者们心仪的地点，当地居民几乎可以保证，只要在这里停留3天，就可至少见到一次北极光。

北极的归属 〉

早在18世纪,北极周边地区的国家就意识到北极地区的重要性。1784年,沙皇俄国曾对阿拉斯加、白令海峡、阿留申群岛等地区宣示主权,并进行捕猎海豹的活动。

1920年,大不列颠联合王国、美利坚合众国、丹麦、挪威、瑞典、加拿大、澳大利亚、南非、意大利、日本、荷兰等18个国家签署《斯瓦尔巴德条约》,承认挪威对斯匹次卑尔根群岛具有充分及完全主权。各缔约国的公民可以自主进入该地区,但活动受挪威法律管辖。

1925年,中国、前苏联、德国、芬兰、西班牙等国家亦参加该条约。1933年,美国国务院发表了题为"两极地区:在南极与北极领土要求的研究中,对地理与历史资料的考虑"的报告。

1941年,美国与丹麦共同在格陵兰岛建立空军基地。冷战时期,由于北极地区是美国和前苏联间最近的通道,双方都在北冰洋沿岸部署了大量的陆基洲际弹道导弹发射场。加上北极的冰层为潜艇提供了躲避雷达等传感器追踪的绝佳场所,北极地区一直是美苏潜艇角逐的舞台。

现在,北极以及北冰洋不属于任何国家。北极海外围的国家:美国、加拿大、俄罗斯、挪威和丹麦(格陵兰)则拥有岸边200海里的专属经济区。

最北的陆地在哪里 〉

北美洲的卡菲克卢本岛，位于格陵兰岛以北的海面上。卡菲克卢本岛，意为"咖啡俱乐部"岛。但它的纬度长期未确切测定，直到1969年6月，才确定为北纬83°40'06"，比莫里斯·耶苏普角（北纬83°39'还偏北纬度1'，因而长期被认为既是北美洲的最北端，也是世界最北、

最接近北极的陆地，与北极点相距708千米。1978年7月26日，丹麦测量学家在卡菲克卢本岛以北1千米外发现一座小岛，命名为乌达克岛，地理坐标是北纬83°40'32.5"，西经30°40'10.1"，距北极706.4千米，超过卡菲克卢本岛，成为世界上最北和距北极最近的陆地。

● 北极的自然生态环境

植物类 ＞

北极地区（不含泰加林带）的严寒气候使得树木无法生长，因此当地的植被主要由生长接近地面的低矮灌木、类禾本植物、草本植物、苔藓和地衣构成。这种植物带被称为北极苔原。随着纬度升高，可供植物生长的热量（主要是太阳能）大大减少。在极北地区，植物的新陈代谢周期大幅放缓，达到了极限，因为最微小的节约都有利于维持生长和繁衍。全年寒凉的环境使得北极地区的植物在大小、种类和繁衍能力上都有下降。在最温暖的区域，灌木可以生长到两米高，莎草、苔藓和地衣可以形成厚厚的覆盖层；而在最寒冷的区域，绝大部分的地表是裸露的，植被基本上是地衣和苔藓，间有少数草本植物。

北极苔原：包括北冰洋与泰加林带间的广阔的永久冻土带，以及众多的湖泊和沼泽，总面积约1 300万平方千米。只有近地表的1米左右的土壤解冻，1米之下是季节性或永久性冻土，因此树木的根部无法伸展。加上近地面常年有强风，使得树木无法成长，主要植被为苔藓和地衣，因而得名，主要位于北极圈内。

泰加林带：亚寒带针叶林带或泰加林带是从北极苔原南界的林带开始，向南1 000多千米宽的针叶林带。泰加林带植被结构简单，欧洲云杉、西伯利亚云杉、西伯利亚冷杉以及欧洲冷杉组成的树林下只有一层灌木层，一层草木层，以及地表的苔原层。泰加林带和北极苔原之间还有一层由稀疏的低矮树木和草本植物组成的较荒芜地带。

动物类 >

    北极动物种类繁多，陆地上的哺乳动物中，草食动物有北极兔、旅鼠、麝牛、北极驯鹿，肉食动物有北极熊、北极狼、北极狐，其中北极熊是北极最大的陆生动物；水域中有海豹、海獭、海象、海狗以及角鲸和白鲸等6种鲸类，还有茴鱼、北方狗鱼、灰鳟鱼、鲱鱼、胡瓜鱼、长身鳕鱼、白鱼及北极鲑鱼等各种鱼类。由于人类的大量捕杀，北极的海象、海豹、北极熊和角鲸都曾濒临绝种的边缘，而斯特勒海牛则已经在1768年因人类过度猎杀而灭绝。最有代表性和象征意义的北极动物非北极熊莫属了。

北极熊 >

北极熊是目前世界上第二大的熊科动物，也是第二大的陆地肉食动物，过去人们一直认为北极熊是最大的陆地肉食动物，直到近期在科迪亚克岛发现了880千克的科迪亚克棕熊，北极熊才屈居第二（如果不计入亚种，北极熊仍是最大的陆地肉食动物）。雄性北极熊身长大约240~260厘米，体重一般为400~600千克，甚至可达800千克。而雌性北极熊体型约比雄性小一半左右，身长约190~210厘米，体重约200~300千克。到了冬季冬眠时刻到来之前，由于脂肪将大量积累，它们的体重可达500千克。

北极熊虽然体型巨大，但头部相对比较小，还细细长长的，和口鼻一起呈楔形，从侧面看去颇有流线型的效果。它们的耳朵和尾巴也很小，据说这样有助于减少热量散发。北极熊虽然周身覆盖着厚厚的白毛，但皮肤却是黑色的，我们从它们的鼻头、爪垫、嘴唇以及眼睛四周的黑皮肤上就能窥见皮肤的原貌。而黑色的皮肤有助于吸收热量，这又是保暖的好点子。北极熊的毛也非常特别，它们的毛中间是空的，这样的构造可以把阳光反射到毛发下面的黑色皮肤上，有助于吸收更多的热量。另外，皮肤下面厚厚的脂肪层进一步把严寒隔绝在了身体外面。北极熊这种多层保暖措施是如此有效，以至于它们有时不得不四仰八叉地趴在冰面上以便好好凉快凉快……北极熊的毛发在夏季虽然不像其他北极动物那样换成深色的夏装，不过也可能因为氧化作用而微微变黄。2005年7月，在芝加哥附近的布鲁克菲尔德动物园里，几只北极熊的毛发竟然变成了郁闷的绿色！原来，那年芝加哥正经历着酷暑，潮湿与干热交替出现，炎热潮湿的气候让藻类欢天喜地，它们趁机钻进了北极熊那中空的毛发里，于是……

北极熊的前爪十分宽大，在游泳的时候宛如双桨，并掌握着前进的方向，而四只爪垫上都长有粗硬的毛发，不仅有助于保暖，还可方便它们在冰面上行走。北极熊的视力和听力与人类相当，但它们的嗅觉极为灵敏，能闻到冰面下海豹的味道。

顾名思义，北极熊生活在北极。它们把家安在北冰洋周围的浮冰和岛屿上，还有相邻大陆的海岸线附近，基本呈环极分布。它们一般不会深入到更北端的地方，因为那里的浮冰太厚了，连它们的最主要猎物——海豹也无法破冰而出，没有食物，北极熊自然不会去冒险。生活在那里的北极熊被我们分为六大种群：

①俄罗斯弗兰格尔岛—阿拉斯加西部种群；②阿拉斯加北部种群；③加拿大北极群岛种群；④格陵兰种群；⑤挪威斯瓦尔巴特群岛—俄罗斯法兰士约瑟夫地群岛种群；⑥西伯利亚北部至中部种群。

北极熊很适应寒冷地区的生活。它们那白色的皮毛与冰雪同色，便于伪装，而且又厚又防水。皮下的脂肪层可以保暖。除了鼻子、脚板和小爪垫，北极熊身体的每一部分都覆盖着皮毛。多毛的脚掌有助于在冰上行走时增加摩擦力而不滑倒。当然也不会畏惧寒冷甚至可以在冰水中前行数分钟之久。

北极熊分布于整个北冰洋及其岛屿、亚洲和美洲大陆与其相邻的沿岸，也就是说，几乎北极的所有地方，甚至在北极中心，都能见到北极熊。北极熊的诞生地，大部分是在斯匹次卑尔根群岛的东部、格陵兰的东北和西部、加拿大北极群岛的东部岛屿、法兰士约瑟夫地群岛，特别是弗兰格尔岛，北极地区的斯匹次卑尔根群岛，一年四季都有北极熊出没。不过在严冬季节则很少见到。冬季，北极熊一般在雪窝里休眠，直到来年春季2、3

月才出来活动。3、4、5这几个月，北极熊活动频繁。目前北极熊的数量大约是2万只，也就是说，平均每700平方千米的冰面上有1只北极熊。

北极熊为肉食性动物，主食海豹、鸟卵、幼海象、各种海生动物以及搁浅的鲸的腐肉等。在某些地区它们的食物也包括植物，甚至居民点的垃圾。在浮冰上，北极熊常以惊人的耐力整天地守在海豹的冰洞旁等候海豹露头换气，它和雪堆一样一动不动，并会把它那黑鼻子用熊掌遮住，只要海豹稍一露头，便能立刻将海豹捉住。

北极熊的嗅觉器官相当敏感，它那敏锐的鼻子能在约3千米以外闻到烧海豹脂肪发出的气味。北极熊常常偷偷地溜到北极科学站的营地中去，有时甚至进入了帐篷内或跑到厨房和仓库中去翻寻食物。有时北极熊对科学站上人们的活动感兴趣，常跟在后面或躺在远处，观看人们的工作。而北极的土著居民和科学家却从不敢对北极熊掉以轻心，因为北极熊有能力轻易地杀死一个成年人，北极地区北极熊吃人的报道也是屡见不鲜。

北极熊性情凶猛，熊爪如铁钩，熊

牙赛利刃,它的前掌一扑,可以使人的头颅粉碎。因此,它是自然界最凶狠的野兽之一,而最大的北极熊体重可达900千克。北极熊经常栖息于北极的海冰上,过着水陆两栖的生活。多数北极熊都在夜间潜行觅食。隆冬时节,小熊降生了,一般为双胞胎,偶尔是单个或3个。刚生下的熊崽光秃秃的,像只小耗子,经过3~4个月的哺乳,一般长到10千克左右。小熊跟随母熊有的可长达两年,一旦长成,它们很少找同类做伴,只有当交配期来到,它们才互相呼唤。北极熊在20~25岁之前还能生儿育女,目前还无法断定野生北极熊能活多久,估计是20~30年。但是有一只捕获的北极熊在动物园里活了40年。

有少数的北极熊

主动攻击人类。一位挪威动物学家认为，具有进攻性的北极熊总是断断续续地从鼻孔里喷出粗气，所有动作显得急躁、紧张。在这种情况下，应当小心，应尽快设法摆脱它。见到熊就跑，那是最危险的，北极熊出于固有的本能也会追人。而当北极熊悠然自得，无拘无束，动作随便，头向前伸，像条大狗东闻西嗅时，就不必担心。即使它凑过来，也是出于对人的好奇。要赶走北极熊，通常只需向它投以石块，敲打铁器作响或是对空鸣枪。但同野兽打交道，不能掉以轻心，最好随身携带枪支，以防万一。

旅鼠的"死亡之旅" ＞

在北极动物中，最令人费解的动物就是旅鼠。人们曾发现，一群又一群的旅鼠从岸边往海里跳下，游在前面的，精疲力竭后溺死海中，紧跟其后的全然不顾，继续前进，最后，数以万计的旅鼠尸体在海面上漂浮，这就是所谓的旅鼠"死亡之旅"。

旅鼠是一种以植物根为食的类似老鼠的小动物，比普通老鼠小一点，北极苔原上，找到适合它们定居的地方，就各奔东西，另安新家。偶尔也能出现上述的"死亡之旅"现象。旅鼠迁移过程中给寂静的冻土带来热闹非凡而惨不忍睹的场面，这也正是北极狼、北极狐以及各种北极鸟类大饱口福的好机会。

82

驯鹿 >

驯鹿的中文名字有点名不副实，因为驯鹿实际上并不是人工驯养出来的。英文Caribou是指分布于北美的野生驯鹿，而把分布在北欧、经过拉普人管理和驯养的驯鹿叫做Reindeer。驯鹿的个头比较大，雌鹿的体重可达150多千克，雄性稍小，为90千克左右。雄雌都生有一对树枝状的犄角，幅宽可达1.8米，且每年更换一次，旧的刚刚脱落，新的就开始生长。

驯鹿最惊人的举动，就是每年一次长达数百千米的大迁移。春天一到，它们便离开自己越冬的亚北极地区的森林和草原，沿着几百年不变的路线往北进发。而且总是由雌鹿打头，雄鹿紧随其后，秩序井然，长驱直入，边走边吃，日夜兼程，沿途脱掉厚厚的冬装，而生出新的薄薄的夏衣，脱下的绒毛掉在地上，正好成了路标。就这样年复一年，不知道已经走了多少个世纪。它们总是匀速前进，只有遇到狼群的惊扰或猎人的追赶，才会来一阵猛跑，发出惊天动地的巨响，扬起满天的尘土，打破草原的宁静，在本来沉寂无声的北极大地上展开一场生命的角逐。幼小的驯鹿生长速度之快是任何动物也无法比拟的，母鹿在冬季受孕，在春季的迁移途中产崽。幼崽产下两三天即可跟着母鹿一起赶路，一个星期之后，它们就能像父母一样跑得飞快，时速可达每小时48千米。

DANG NAN JI YU SHANG BEI JI

北极麝牛 〉

麝牛貌似家养的牛，然而奔跑起来不像牛而像羊。它长着大胡子，身上的毛长得可拖到地。动物学家研究表明，麝牛同山羊和绵羊更接近。麝牛的近亲可以在热带地区找到，是四不像的扭角羚。麝牛不会分泌任何麝香。北极只有为数不多的几个麝牛群，其总数约7 000头。

鲸 〉

北极最大的鲸是格陵兰鲸，其身长20~22米，体重可达150吨。刚出生的小鲸一般有三四米长，重两吨左右。母鲸对它的孩子十分抚爱，遇到危险时就用自己的身躯保护小鲸，并发狂地挡住捕鲸船的攻击。北极有一种形体较小、长相奇特的鲸叫一角鲸，体长仅4~5米，重约900~1500千克。它的体形很奇特，头上长着一个1~2米的角。当地居民给它起了一个浑名，叫它独角兽。其实，一角鲸的"角"不是角，而是大牙，也有人称它一齿鲸。人们研究一齿鲸特别对奇长的牙齿生理作用的研究，已有上百年的历史。

85

鸟类 〉

北极地区的鸟类有120多种，大多数为候鸟。北半球的鸟类有1/6在北极繁衍后代，有至少12种鸟类在北极越冬。在湖泊及水泽中有各类涉禽，如长尾凫、赤颈凫、短颈小野鸭、斑背潜鸭、鹊鸭、秋沙鸭、黑凫、雪鹅等；飞禽则有北极雷鸟、雪鸮、刀嘴海雀、渡鸦、海雀、北极燕鸥和黑冠苍鹭等等。

分布在阿拉斯加大部和加拿大北极地区的黄金鸻，秋天一到，先是飞到加拿大东南部的拉布拉多海岸，在那里经过短暂的休养和饱餐，待身体储存起足够的脂肪之后，则纵越大西洋，直飞南美洲的苏里南，中途不停歇，一口气飞行4 500多千米，最后来到阿根廷的潘帕斯草原过冬。而在阿拉斯加西部的黄金鸻则可一口气飞行48小时，行程4 000多千米，直达夏威夷，然后再从那里飞行3 000多千米，到达南太平洋的马克萨斯群岛甚至更南的地区。而且，在这样长距离的飞行中，它们可以精确地选择出最短路线，毫不偏离地一直到达目的地，可见它们的导航系统是非常精密的，至于它们如何做到这一点，却仍然是一个谜。

87

● 北极——资源宝库

北极地区独特的景观与文化的融合，构成了这一地区神奇的"旅游资源"和"探险资源"；北冰洋东北航线和西北航线的开通，以及现存的空中航线，则属于"交通资源"的范畴；北极地区对研究日–地空间物理、环境、生物等学科的重要贡献，使北极成为地球顶端的一个天然实验室，应称之为"科学资源"；而北极作为地球的两大冷源之一（另一个为南极），左右着全球增暖过程，因此对于全球环境变化来说是一种"环境资源"；北极地区特殊的文化背景，形成了世界文化宝库中的瑰宝之一的"文化资源"；北极地区特殊环境下形成的生物种群及生态系统（包括陆地和海生生态系）是我们这个星球上基因库的重要组成部分，也是全球生物多样性的重要成员。从保护全球生物多样性和全球环境的高度去认识，北极的人种和物种均可归入"基因资源"。

除上面所说的以外，还包括人们通常所指的可更新资源和不可更新资源。可更新资源主要有：水资源、生物资源、土地资源、太阳能、风能、水电资源等。不可更新资源主要有石油、天然气、煤、金属和非金属矿产等。

北极丰富的自然资源 >

北极地区拥有可观的自然资源，比如石油、天然气、矿产资源、森林资源（亚北极地区）以及丰富的渔业资源。已探明阿拉斯加的石油储量达70亿桶，天然气达8 000亿立方米，据估计石油和天然气储量可达380亿桶和40万亿立方米。加拿大北部的石油和天然气储量与阿拉斯加相当或更多。而俄罗斯北部的油气资源的储量又远远超过前两者。除油气资源外，北极地区还发现了世界上最大的煤矿以及铁矿、铜矿、铅矿、锌矿、石棉矿、钨矿、金矿、金刚石矿、磷矿和其他贵金属矿。近年来，出于对神秘而寒冷的北极地区的兴趣，北极地区的旅游业也逐渐兴起。北极地区还有大量的未开发的水电资源。

国际极地年

国际极地年是全球范围的科学家共同策划、联合开展的大规模极地科学考察活动，被誉为国际极地科考的"奥林匹克"盛会。

全球科学家已联合组织过四次国际极地年活动。1882年第一个国际极地年，开创了国际科学界大协作的先例；1932年第二个国际极地年，在南北两极建立了常年观测站和内陆考察站；1957年第三个国际极地年促成了《南极条约》的签订；2007年开始的第四个国际极地年是建立在国际合作基础上的综合极地科学考察计划，重点了解极地气候与环境、生态系统和社会的相互作用。

伴随着历次国际极地年活动的开展，众多科学考察站在南极、北极地区相继建立，人类得以不间断地对两极地区持续开展科学考察和环境观测与监测工作，并且逐渐认识到该地区不仅蕴藏着丰富的物质资源，而且拥有宝贵的科学资源，将对人类社会的未来生存与发展发挥关键的、不可替代的作用。

摩纳哥1982年发行第一次
"国际极地年"100周年极限片
(阿贝尔一世)

摩纳哥2009年发行"国际极地年"
阿贝尔一世纪念邮票

91

北极地区气候 〉

北冰洋的冬季从11月起直到次年4月，长达6个月。5、6月和9、10月分属春季和秋季。而夏季仅7、8两个月。1月份的平均气温介于-20℃~-40℃。而最暖月8月的平均气温也只达到-8℃。在北冰洋极点附近漂流站上测到的最低气温是-59℃。由于洋流和北极反气旋的影响，北极地区最冷的地方并不在中央北冰洋。在西伯利亚维尔霍扬斯克曾记录到-70℃的最低温度，在阿拉斯加的普罗斯佩克特地区也曾记录到-62℃的气温。

越是接近极点，极地的气象和气候特征越明显。在那里，一年的时光只有一天一夜。即使在仲夏时节，太阳也只是远

远地挂在南方地平线上，发着惨淡的白光。太阳升起的高度从不会超过23.5°，它静静地环绕着这无边无际的白色世界缓缓移动着。几个月之后，太阳运行的轨迹渐渐地向地平线接近，于是开始了北极的黄昏季节。

北极有无边的冰雪、漫长的冬季。北极与南极一样有极昼和极夜现象，越接近北极点越明显。北极的冬天是漫长、寒冷而黑暗的，从每年的11月23日开始有接近半年时间将是完全看不见太阳的日子，温度会降到零下50多摄氏度。此时所有海浪和潮汐都消失了，因为海岸已冰封，只有风裹着雪四处扫荡。

到了4月份天气才慢慢暖和起来，冰雪逐渐消融。大块的冰开始融化、碎裂、碰撞发出巨响；小溪出现潺潺的流水；天空变得明亮起来，太阳普照大地。5、6月份植物披上了生命的绿色，动物开始活跃并忙着繁殖后代。在这个季节，动物们可获得充足的食物，积累足够的营养和脂肪以度过漫长的冬季。

北极的秋季非常短暂，在9月初第一场暴风雪就会降临。北极很快又回到寒冷、黑暗的冬季。北极的年降水量一般在100~250毫米，在格陵兰海域可达500毫米，降水集中在近海陆地上，最主要的形式是夏季的雨水。

● 北极脆弱的生态系统

北极是地球上最后的大片未开发的土地之一，因此保护北极地区的物种多样性和基因多样性日显重要。北极生物圈弱小的生产力以及简单的生物链结构使得北极地区的生态系统十分脆弱，自修复能力不强。越来越频繁的人类活动已经对北极地区的生态环境造成影响。北极地区的地被植物很容易遭到破坏。作为众多动物（其中不乏濒危物种）的繁衍地，北极地区生态受到破坏将会对这些物种产生巨大影响。

比起地球上其他地方，北极地区相对比较干净，但局部地区仍存在着较严重的污染，并对当地居民的健康造成了

严重影响，由于人造化学品随大气及洋流聚集至北极地区，许多地区的污染物含量比人口密集的都市中还要高。此外一个显著的例证就是北极的烟霞。北极地区冬季的严寒，造成含微粒云团在空中悬浮而久降不下，并与中纬度地区的大气中飘移过来的二氧化碳、二氧化硫、氟利昂、烟尘和农药等污染物结合，形成了北极烟霞。北极烟霞从20世纪50年代开始出现，主要是欧洲工业国家和前苏联工业排放的结果。此外，由于大量候鸟来到北极地区，其粪便中携带的汞和杀虫剂等化学成分也在严重污染当地环境。

日渐消逝的北极海岸线 ⟩

　　目前全球变暖最大的威胁之一来自海平面的上升，大陆会被上升的海平面淹没，北极处在气候变化的前沿。它是排头兵，现在影响北极的最终将影响我们大家。因为几乎所有北极土著社区都在沿海地区，将来来自风暴潮的破坏也将对人类及社会产生很大的影响。研究人员预测海冰覆盖、海平面、风暴及海洋风暴潮的频率和强度在21世纪更加多变。

　　研究人员就沿海灌木丛受盐水淹没的影响进行了研究。采样的灌木中超过一半在风暴潮发生（1999年）后的一年内死亡，后来又有37%在5年内死亡。风暴潮发生10年后土壤中盐分含量依然很高。而且，内陆湖的沉积岩心剖面显示水生生物发生巨大变化：风暴潮后淡水物种明显改为盐水物种。

　　由于北极气候变暖，大量永冻土带融化，流入海洋。自2000年以来，数十名科学家便对大约10万千米——占整个北极海岸线的25%左右——的北极海岸线进行研究。新研究发现，

北极部分地区的永久冻结带每年遭侵蚀的程度最多达到100英尺（约合30米）。拉普捷夫海、东西伯利亚和波弗特海沿岸的永冻土带遭侵蚀情况最为严重。

受全球气候变化的影响，北极圈毗邻的部分海岸线正以每年30米的速度消融。10余个国家30多名科学家的研究报告显示，北极海岸的快速消融已对北极地区的动植物群体和生态系统产生了较为严重的影响。北极海岸的沉积层仅仅是由于冰的存在而结合在一起，其组成成分中2/3是冻土或永久性冻土层组成，而并不是岩石，这一特殊的地质构造导致北极海岸对于大风和海浪侵蚀尤为敏感。研究人员表示，随着全球气候的变暖，具有防护作用的冰层逐渐消融，越来越多的海岸将暴露于海水和大风的侵蚀之中。据统计，在过去的52年中，仅美国阿拉斯加州东北海岸线遭侵蚀的速度就增加了一倍。此外，海洋浮冰在早春消融的时间每年都在提前，而浮冰在秋季形成的时间每年都在延后。夏季的海洋浮冰的面积在过去25年里缩

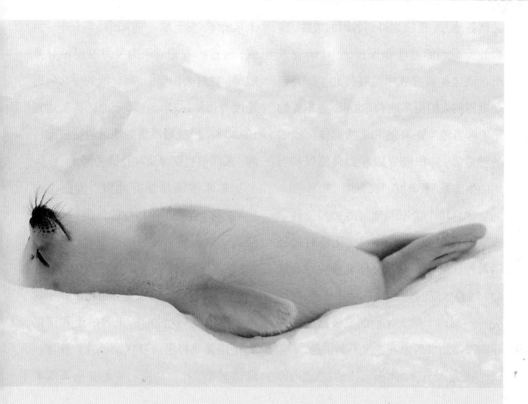

小了大约129万平方千米。

　　2010年的研究报告显示，过去10年里，整个北极海岸消融的平均速率为每年1~2米，但部分地区的海岸消融速率达到了每年10~30米。海岸消融较为严重的地区包括波弗特海、东西伯利亚海和拉普捷夫海。北极海岸消融研究由德国赫尔姆霍茨研究中心和国际北极科学委员会（IASC）领导，其研究进展情况在互联网上公布，相关成果发布于《河口与海岸》杂志中。研究报告中收集了约10万千米（全长的1/4）北极海岸的相关数据。科

学家强调，北冰洋海岸是北极地区动植物群体的"黄金生命线"，那里有品种繁多、数目众多的鱼类、鸟类和哺乳动物，还栖息着5亿多只海鸟。研究报告中披露，北极地区环境发生了前所未有的巨大变化，随着人类活动区域的不断扩大，北极圈正面临全球人口数量增长、技术革新、经济社会转型以及政治形势变化带来的各种影响。

　　很明显，北极海岸是北极地区生态系统中的重要部分，作为重要的资

源储备地，北极应当得到各国的关注，应当处于适当的监测和保护之中。研究人员希望这些研究成果能够使北半球乃至全世界的人们更多地了解北极，更重要的是了解当地生态环境和生物群体面临的各种危害，并积极采取相关措施保护当地的生态系统和动植物群体。

来自10个国家和地区的30多位科学家联合发表报告称，气候变化将对北极沿海地区的生态及社会环境造成致命威胁。随着气温的持续上升，海岸线的保护壳——形成于数千年前的北极冰层——正以每年30米的惊人速度不断消融。

研究人员称，北极海岸的2/3是由冻土或永久冻土层——而非岩石——组成，这意味着它对风力及海浪侵蚀异常敏感。在过去10年中，海岸线的平均后退速度为每年1~2米，在部分地区甚至达到10~30米。侵蚀最严重的地区包括波弗特海、东西伯利亚海及拉普捷夫海。

北冰洋海岸素有北极"黄金生命线"之称，它为不计其数的鱼类、鸟类及哺乳动物提供了理想的栖息地，其中包括5亿多只海鸟。科学家在报告中写道："传统的民生经济、文化习俗均依赖于这一自然环境，这种前所未有的不和谐的变化将使北极沿海社区面临人口膨胀、经济转型、社会动荡、卫生安全等重大

挑战，大部分地区还将遭遇急剧的政治及体制变革。"

科学家强调说，海岸线向来是北极系统的关键组成部分及人类活动的重点，人们应对此予以明确关注。只有持续、及时的监测与检验才能实现对环境变化的主动适应与可持续发展。该报告的意义在于，缩小信息差距，有效传输知识，从而改善北极沿海生态系统、北极地区乃至全球居民的生活。

德国阿尔弗雷德韦格纳研究所的雨果·朗图伊特博士承认，在此之前，人们对北极沿海地区发生的一切知之甚少。直到2000年，科学家才开始进行系统化的数据采集，研究对象仅限于北极海岸的0.5%。2008年，北极冰架遭遇大规模断裂，一位美国科学家甚至预测北极冰冠将于2020年彻底消失，进一步加剧全球变暖，包括伦敦在内的众多岛屿都将成为历史。

● 北极圈世界之最

1. 北极圈内最大的港口城市：纳尔维克港是挪威北极圈内最大的港口城市，也是瑞典、芬兰北部重要的出海口，在挪威海沿岸的乌夫特峡湾的东南岸。这个港口城市有1万多人。

2. 世界最北的植物园：位于北极的俄罗斯喀拉半岛，即使在正常的夏天，也会遇到暴风雪或者霜冻的危险。可是，那儿的花草、水果照样生长得很茂盛。在离基洛夫斯克城不远的地方，有一个"北极——阿尔卑斯植物园"，它是俄罗斯最大的植物园之一，也是世界上最北的植物园。

3. 北极圈的机场：在格陵兰康克鲁斯瓦格（Kangerlussuaq），北纬66°33'。

4. 北极圈内的国家：北极圈内有北冰洋、岛屿、陆地，它们分属8个国家：俄罗斯、美国、加拿大、丹麦、冰岛、挪威、瑞典、芬兰。

纳尔维克港

5. 北极最冷的地方：北极冬季均温-20℃，许多地方-33℃，最冷之处距极点2 898千米处的西伯利来东北部的欧米亚仑真附近，达-53℃。

6. 世界最北的城市：是挪威斯瓦尔巴群岛的首府朗伊尔。朗伊尔原来是个美国人的名字。1904年朗伊尔来到斯瓦尔巴群岛，从挪威人手里买下了岛上的一个煤矿。两年后，美国人在煤矿附近造起了第一座房子，煤矿管理人员就用他们老板的名字，把这个地方命名为"朗伊尔城"。这个当年只有一座房子的地方，

朗伊尔的春天

朗伊尔极夜

如今已发展成为一个拥有1 200人的小城，城里有邮局、学校、银行、医院、报社、饭店、商场、博物馆等等。它深藏在北极圈内，躲在北纬78°的地方。在地球的这一纬度，几乎没有什么陆地了。这是一个寒冷的地方，每年有4个月的时间看不到太阳，冰雪覆盖大地，黑暗伴随着每一个小时。而在另外4个月中，太阳几乎不落。

　　7. 北极最热的天气：1993年夏季，阿拉斯加最北端的小城巴罗（北纬71°）曾出现气温高达34℃的

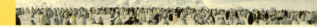

炎热天气，连百岁老人也不知所措。

格陵兰岛

8. 北极最低点：利特克海沟（海深5 449米）

9. 北极浮冰的最大覆盖期：3月（87%）

10. 北极浮冰的最小覆盖期：9月（50%）

11. 北极最厚的冰层：1 300米

12. 北极浮冰科考站最长漂流时间：1 442天

13. 北极浮冰科考站最长漂流距离：8 650千米

14. 北极最大岛屿：格陵兰岛（217万平方千米）

阿拉斯加

北冰洋的岛屿 >

北冰洋周边的陆地区可以分为两大部分：一部分是欧亚大陆，另一部分是北美大陆与格陵兰岛，两部分以白令海峡和格陵兰海分隔。如果用地质学家的眼光来看，这两部分陆地有很多相似之处，它们都是由非常古老的大隐性地壳组成的。而北冰洋（大洋性地壳）年龄则年轻得多，是0.8亿年前的白垩纪末期才由于板块扩张而开始出现的。

北冰洋海岸线曲折，类型多，有陡峭的岩岸及峡湾型海岸，有磨蚀海岸、低平海岸、三角洲及潟湖型海岸和复合型海岸。宽阔的陆架区发育出许多浅水边缘海和海湾。北冰洋中岛屿众多，总面积约380万平方千米，基本上属于陆架区的大陆岛。其中最大的岛屿是格陵兰岛，面积217万平方千米，比西欧加上中欧的面积总和还要大一些，因此也有人称之为格陵兰次大陆。格陵兰岛现有居民约6万人，其中90%是格陵兰人，其余主要为丹麦人。最大的群岛则是加拿大的北极群岛，由数百个岛屿组成，总面积约160万平方千米。群岛中面积最大的是位于东北部的埃尔斯米尔岛。该岛北部的城镇阿累尔特已经超过北纬82°，因而是当今许

白令海峡卫星图

多北极点探险队的出发地。

格陵兰岛既是地球上最大的岛屿，也是大部分面积（84%）被冰雪覆盖的岛屿。格陵兰岛的大陆冰川（或称冰盖）的面积达180万平方千米，其冰层平均厚度达到2300米，与南极大陆冰盖的平均厚度差不多。格陵兰岛所含有的冰雪总量为300万立方千米，占全球淡水总量的5.4%。如果格陵兰岛的冰雪全部消融，全球海平面将上升7.5米。如果南极的冰雪

全部消融，全球海平面就会上升60米。

在格陵兰岛那深广无边的白色寒冷世界里，降雪无法融化，于是年复一年地积累起来。新雪轻松柔软，每立方米重100千克。实际上，新雪直接飘落冰面的机会并不多。由于常年狂风大作，六角形雪花在风中飞舞碰撞，渐渐磨去棱角，变成水泥粉一样的积雪，随风掉落在冰面，形成风积雪。风积雪的密度比新雪大，每立方米重400千克。降雪一层覆盖一层，随着深度和压力的增加，新雪渐渐变成由细小雪晶粒组成的粒雪。到70~100米深时，雪晶体互相融合，雪晶体颗粒之间

的空气被压缩成一个个独立的小气泡，变成白色的气泡冰，或称新冰，新冰的密度达到每立方米820千克。当埋藏深度超过1 200米时，巨大的压力使新冰中的气泡消失，气体分子进入冰晶格，细小的冰晶体迅速融合扩大成巨大的单晶（最大直径可达10厘米），最终形成蓝色的坚硬老冰，也叫作蓝冰。被覆盖在白色新雪、粒雪及新冰下面的蓝冰，构成大陆冰盖的主体。而且，越是深层的冰，形成的年代越古老。据估计，格陵兰冰盖最深处冰层的年龄可以达到几十万甚至100万年以上。

与南极一样，北极地区的陆地与岛屿上的茫茫冰盖，看上去辽远而宁静，似乎代表某种永恒的静止。但是实际上，由于冰雪自身的重量，陆地冰盖不断地向海岸方向移动，这种移动深沉缓慢而又不可阻挡。格陵兰岛内陆冰盖的年平均移动速度是几米，而在沿海则可达100~200米。至于那些巨大的冰川，运动速度就大得多了。所谓冰川，实际上就是冰雪的河流。数十亿至数百亿吨的冰雪在冰川运行的山谷或低地中静静地推挤着、摩擦着、移动着。它们缓缓地，但却一往无前地向大海流去，最后惊天动地般地崩落入海中。冰盖移动，最后崩落在海水中形成巨大的冰山。仅以这种方式，格陵兰岛的陆地冰盖每年损失的冰量达到150立方千米。另一方面，格陵兰岛每年通过降雪而累积的总冰量却是大约170立方千米。但是与南极的情况一样，到目前为止，科学家们还不能肯定回答，格陵兰岛的大陆冰盖究竟是在缓慢增长，还是在渐渐消亡。

● 北极地区的土著居民

在1万多年以前，北极地区已经有人类居住。早期的人类是从欧亚大陆首先扩展到北极的。大概在8000年前古因纽特人进入北美洲的北极地区，他们的语言和狩猎方式都自成系统。世界上同冰雪打交道最多的人，恐怕非因纽特人莫属。他们居住在其他民族很难忍受的寒冷北极地区，过着渔猎生活。大多数因纽特人居住在海边，专门猎取海洋哺乳动物，尤其是各种海豹、鲸和海

象，在许可的范围内有时也猎取北极熊。在美国阿拉斯加和加拿大北部一些内地的因纽特人专门依赖于猎取驯鹿为生，但最具因纽特人特点的村庄分布在北冰洋沿岸，在北纬60°~70°之间。因纽特人的最北分布在格陵兰西北部，称为极地因纽特，生活在北纬79°以北。

109

北极的因纽特人独特的文化和生存方式 〉

• 社会关系

北极土著人自称为"因纽特人"。社会成员的关系可大致分为3种：第一种就是通过联姻形成的亲戚关系；第二种是同姓名人之间因为姓名相同而形成的特殊关系，虽然这些人没有血统关系，但因纽特人认为同姓名的人之间必然存在着奇异的联系。除了亚洲海岸的因纽特人不认为同姓名的人存在着某种联系，对其他因纽特人来说，同姓名是连接不同家庭成为一个大的社会群体的重要纽带；第三种社会成员关系是伙伴关系，是双方自愿结成的关系。因纽特人认为伙伴就要共同分享食物和赠送礼物给对方，通常以跳舞或在宗教仪式上分享美味的海豹鳍等方式，来表达伙伴间的亲密关系。

因纽特人很善于维持相互间的和谐关系，虽然他们居住分散，但人与人之间的关系并不疏远。为了寻找食物人们不得不分开，但只要有可能，因纽特人就互相拜访，互赠礼物，唱歌，跳舞，讲故事，举行宗教活动等。因纽特人常常共同劳动，共同娱乐，甚至连吃饭睡觉也在一起。文明社会中的个人私生活这个概念，在因纽特社会中是根本不存在的。孩子不论走到谁家，随便吃喝，就像在自己家里一样。

110

因纽特人捕获大马哈鱼

• 传统道德

因纽特人到别人家做客，推门而入，根本不需要敲门，而且在那里可以毫无顾忌地坐上几个小时，一直坐到他想离去。初次接触因纽特人的外来人往往会感到非常不习惯。日本记者本多腾一在《加拿大的爱斯基摩人》一书中曾经描写初到因纽特村落的情景：村里的人走进他的帐篷就像到自己家一样，登堂直入，没有任何拘束，自己随意坐下，然后一直望着他，时间过了一两个钟头，直到疲倦的作者不得不在众目睽睽之下钻进睡袋。到第二天中午醒来，还有五六个好奇的孩子在围观他。了解了因纽特人的这一风俗习惯后，就能做到即使满屋子人，你也可以从容入睡了。

因纽特人的社会心态中有一个很突出的特点，就是推崇慷慨大方。不论对谁，即使是过路人来到因纽特村庄，村里的人都会热情款待，拿出家里贮存的食物给客人。虽然生存环境恶劣，但因纽特人保持着良好的道德观念，并不像有些人想象的那样——面临食物短缺，因纽特人因此形成自私、冷酷的性格。通过深入的观察，人们了解到，谦恭、礼貌、忍耐、安分、诚实，服从长者，忠诚于亲戚，严格遵守各种禁忌，善于控制自己的喜怒哀乐，这些都是因纽特人毕生恪守的准则。当因纽特人判断某个事件，或者一个人的某种行为是否正确时，他们的标准是看它是否符合传统习俗。在他们的观念中没有犯罪的

概念，最严重的过错是破坏习俗，犯了禁忌。

在因纽特人的社会结构中，并没有什么组织机构来监督或者强迫人们遵循传统习俗，也没有法庭和监狱，更谈不上什么立法机构制定法律，政府机构执行法律以解决社会问题等等，这就是传统因纽特人单纯的世界。从某种程度上来说，因纽特人的社会称得上是世外桃源。当然，如果出现了贪婪或自私行为，因纽特人也有独特的制裁措施。他们在各种场合想法嘲笑犯错误的人，或者孤立他一段时间，让犯错误的人感到羞耻。到迫不得已时，最严厉的措施就是遗弃他。例如当村落迁移时不通知他，就等于判了他的死刑。生活在北极地区的人都知道，单独一个人在冰原上是无法生存下去的。

因纽特人常采用嘲笑、讽刺的方法制止错误行为，通过精心制作的讽刺表演奚落犯错误的人。如果一个年轻人多拿了食物，人们就在娱乐或宗教活动中即兴演唱，贬斥贪心的人，以此来警告他。在西部地区，如果这样还不能解决问题，家中的长者就会建议或命令他不许吃东西。东部地区的因纽特人相对来说比较民主，他们觉得强行使用权力解决问题不够妥贴，便采取在宗教仪式上演唱精心安排的讽刺歌曲来羞辱贪婪自私的人。再严厉一些的惩罚就是人们假装犯错误的人不存在，躲开他，没有人和他讲话，没有人给他东西，也没有人从他那里拿东西。这对于喜群居、爱热闹的因纽特人来说已非常不好过了。但对于暴力事件，以上的方法解决不了问题，只能顺其自然，强者为胜了。

在因纽特人的社会群体之间很少发生冲突和战争，与世界上其他民族相比，这是难能可贵的，因此可以说因纽特人是世界上最讲和平的民族。因纽特人的历史上从未出现为争夺领土而发生的战事。但在家庭范围内，如果家庭成员脾气不合，食物短缺，或者为争夺女人，则有可能导致流血冲突。由于因纽特人的传统道德提倡忍耐、安分守己和控制自我情绪，所以暴力事件很少发生。尽管因纽特人内部和平共处，同其他相邻民族的冲突还是存在的，比如和北美印第安人的矛盾渊源就很深。正是因为印第安人的存在，因纽特人的祖先才不得到更寒冷的地区生活。但今天的因纽特人和北美印第安人为了共同的利益，又走到了一起。

113

•因纽特人的文化

由于北极地区土著居民生活在冰雪世界，所以发展了世界上一种独特的文化。除拉普人以外，各土著民族的文化内涵具有许多共同点，因而被称为"白色文化"或"冷文化"。在众多的北极土著民族中，最有特色的民族当属因纽特人，他们的文化在形态各异的世界文化之林中，闪耀着奇异的光芒，充满了神奇的魅力，因而吸引着社会学家、人类学家不断地追根探源。尤其是他们独特的衣、食、住、行，更为人类如何适应寒冷恶劣的自然环境提供了宝贵的资料和依据，因此可以说是人类发展史上的一朵奇葩。因纽特人穿戴着迄今世界上最好的、又轻又保暖的防寒服；在缺少粮食的情况下，他们一直生吃动物肉；他们可以不用任何常规建筑材料，而只用积雪建造起温暖的雪屋；他们乘坐狗拉雪橇横越千里冰原，使用兽皮划艇在冰海中捕猎鲸、海象、海豹。在与严寒搏斗的岁月中，他们把自己塑造成为一个非凡的民族。他们的过去、现在和今后的发展方向，代表了整个北极土著居民的历史演变与未来前景。中文旧称"爱斯基摩"是英文Eskimo的译音，而Eskimo又来自北美印第安语，意思是吃生肉的人，带有轻蔑的意味。不同地区的因纽特人对自己有不同的称呼。美国阿拉斯加地区的土著称自己为"因纽皮特人"，加拿大的土著人称自己

爱斯基摩人建造房屋

为"因纽特人",格陵兰岛的土著人称自己为"卡拉特里特",意思都是"人"。因纽特人认为"人"是生命王国里至高无上的代表。

因纽特人是北极土著居民中分布地域最广的民族,其居住地域从亚洲东海岸一直向东延伸到拉布拉多半岛和格陵兰岛,主要集中在北美大陆。通常西方人把因纽特人分为东部因纽特人和西部因纽特人。西部因纽特人指阿留申群岛、阿拉斯加西北部和加拿大西北部麦肯齐三角洲地区讲因纽特语的居民。这些地区的因纽特文化深受相邻地区亚洲和美国印第安人文化的影响。东部因纽特人指北美北极地区的中部和东部讲因纽特语的居民。在西方人的眼中,他们是典型的因纽特人。东部因纽特人的分布面积占整个因纽特人居住范围的 3/4,而人口却只占 1/3。由于东部地区的自然资源没有西部的丰富,所以今天西部地区的因纽特人的物质生活水平和文化水平都要比东部地区的高一些。因纽特人居住地分散,地区差异很大,所以文化差异也很大。当人们不分青红皂白笼统地称之为因纽特人的时候,并没有意识到这些因纽特人实际上说着不同的语言。当然,这些语言属于同一个语系,即现在所说的爱斯克兰特语。人们相信这个语系和东亚地区的某些语言有关系,只是至今还没有找到足够的证据说明这一点。

115

• 因纽特人信奉的神

因纽特人信奉的众神中，最有名的是空气之神。空气之神无处不在，大气本身就是它的形体。通过风和天气，空气之神的威力影响着自然界中的一切事物，是宇宙中最强大的力量。

耐茨里克因纽特人认为空气之神喜怒无常，而且变化多端，其变化的形式之一就是风暴神，称为诺特苏克。传说风暴神原来是一个巨人之子，他的父亲和母亲先后被敌人杀害，谋杀者把他留在父母被杀的地方，让他听凭命运的安排。这反而促成孩子成为神灵，他飞入天空，成了掌管天气变化的神。

风暴神总是穿着一件驯鹿皮上衣，下摆又宽又长，就像因纽特小孩通常穿的衣服一样。只要他摇动下摆，天空就开始刮风。因纽特人普遍信仰的另一个神是海神，海神被认为是掌管着生活在海洋中一切生物的灵魂。依靠海洋哺乳动物为生的因纽特人信奉海神是非常自然的。

月亮神也是因纽特人信奉的神灵，但他们崇拜的不是月亮本身。月亮神控制着大地上的各种动物，这对于以驯鹿为主要食物的因纽特人来说则是非常重要的。在因纽特人的精神世界里，空气之神、海神、月亮神等掌管着世界上的各种事物，它们通过天气的好坏变化、猎物是否丰富等直接显示自己的威力。

116

● 发现北极，探险北极

探险北极的历史概况 ＞

如果要追寻人类通往北极的足迹，则应当从远古时期说起。目前所知人类最早进入北极地区的时代可上溯至旧石器时代。当时的穴居原始人出于寻找猎物的本能而到达过泰加林带与苔原带交界的地方。大约1.8万年前，地球上最末一次冰期（更新世晚期）抹去了早期人类活动的绝大部分记录。

而冰期极盛期以后，随着天气回暖而重新北上的古人类，如欧亚大陆上的西伯利亚人和拉普人，美洲大陆上的古因纽特人，以及后来的新因纽特人，虽然几经动荡，却始终没有离开北极地区，因而成为北极地区当之无愧的主人。

当然，这些古北极人类的迁徙与存在是基于天然的生存本能，这与后来那些带有强烈理性色彩的，有明确目的和周密计划，并做好牺牲准备的欧洲人的探险活动是大不相同的。因纽特人进入北极的这个阶段可以称作人类进入北极的天然时期，这个过程基本上是由亚洲人完成的。

进入19世纪后，完成工业革命的英国开始了新一轮的北极探险。1831年6月1日，英国探险家约翰·罗斯和詹姆斯·罗斯发现了北磁极。1845年，著名北极探险家约翰·富兰克林爵士率领两艘当时最先进的探险船向北极进发，然而一去不回。富兰克林的失踪震惊了英国社会。从1848年起的十几年里，共40多个救援队涌进了北极地区搜索富兰克林的踪迹。搜救行动不仅查明了富兰克林船队遇难的原因，也极大地丰富了关于美洲北极地区的地理知识，对北极地区的洋流和冰盖漂流现象有了更多的认识。探险家们认识到，只有向北极地区的本地居民学习，才有可能更好地适应当地的环境。

19世纪后期，美国也开始加入到北极探险的队伍中。谁先到达北极点的竞赛达到高潮，同时美国开始在北极地区

建立科学考察站。1881年至1884年，第一个国际极地年计划开展，这是人类史上第一次对北极地区进行系统性的科学考察活动，取得了大量关于北极地区的科学资料和数据，1878年6月，芬兰裔的瑞典探险家阿道夫·艾里克·诺登舍尔德（诺登舍尔德男爵）率领一个由30人组成的国际性探险队，乘坐探险船"维加号"出发，经历了一年的时间，首次从西到东打通了东北航线。1905年，后来征服南极点的挪威探险家罗阿德·阿蒙森成功地打通了西北航线。

1893年，基于北极浮冰向西漂移的假设，挪威探险家弗里乔夫·南森首次提出以漂流的方式向北极点进发的方法，并率领"弗瑞姆"号开始了为期3年的航程，其间最远到达了北纬85° 55′ 的地方。1905年至1909年，美国人罗伯特·皮尔利经过三次努力后，宣称到达了北极点。

穿越北极的"东北航线"和"西北航线" 〉

13世纪下半叶，意大利旅行家马可·波罗在中国生活了24年，回国后写出《马可·波罗游记》这部千古不朽的名著，书中描写的那个"黄金铺路"、"绫罗绸缎比比皆是"的东方古国，便成为无数西方人憧憬的地方。寻找一条穿越北极海域、直抵中国的"东北航线"或"西北航线"，竟然成为在西方世界延续了几个世纪的一场角逐。先是意大利航海家哥伦布驾船向西进军，他此行虽没有实现初衷，却找到了美洲这个新大陆。接下来，有英格兰的马丁·弗罗贝舍、挪威的巴伦支、俄罗斯的白令、英国的富兰克林等，前仆后继地向北极海域发起冲击，他们中多数人都把自己的生命献给了那片冰凉的寒漠。直到1878年，才由芬兰科学家阿道夫·伊雷克率船队打通了"东北航线"。至1906年8月的最后一天，挪威人阿蒙森驾船好不容易穿越了加拿大北极地区那岛屿密布、冰山林立的迷宫水道，抵达阿拉斯加西海岸的诺姆港，实现了打通"西北航线"这个人们几个世纪为之奋斗的目标。

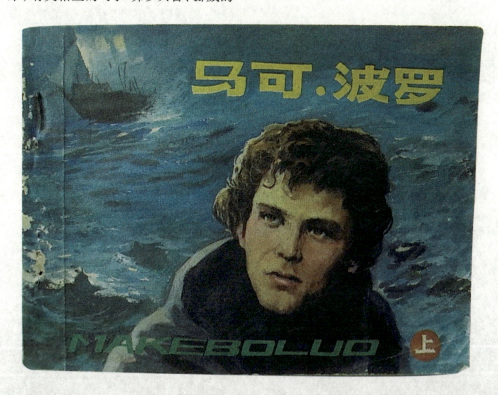

巴伦支海峡

著名的北极探险家巴伦支献身北极 〉

荷兰人巴伦支为寻找东北航线，自1594—1597年曾5次率领探险队去巴伦支海，并两次沿新地岛西岸和北岸航行，到达了喀拉海峡。1594年，在基利金岛附近，巴伦支带领两艘船向东北航行。7月13日，在雾气弥漫的天气里，他们航行到一片冰原的边缘，经测定，探险队已经到达北纬77°15'，至此，他创造了当时西欧航海家远航到北冰洋的最北纪录。7月29日，巴伦支在北纬77°附近又发现了一冰角并命名了该冰角。8月1日，他在发现了不大的奥兰斯基岛群之后返航。1596年又开始了他最后一次冒险远航的征程，当他航行到北纬74°30'海面时，发现了一个海岛，船员们在岛上发现了一只被打死的北极熊，这个岛因此被命名为熊岛。4天后，他们又调转船头朝北偏西方向驶去，6月19日，船队来到了一群岛面前，岛上重峦叠嶂，山势峥嵘，便被巴伦支称之为斯匹次卑尔根群岛。8月26日，他们停泊在新地岛北岸，这是西欧人在北极地区的第一个越冬地。巨大的冰山和海冰对船只造成了很大威胁，他们被迫从船上卸下武器、货物和航海器具，在岸上用木

121

桨和船改造成一座小屋，再把木板连接在一起，筑成一圈围墙。异常寒冷的环境和严重营养不良，使几乎所有的探险队员都患了坏血病。在1597年，17个越冬人员中已有5人死去，其中就有巴伦支。直到1871年，人们才在巴伦支住过的那座小屋里发现遗留下来的部分物品。其中有在桌子上放着的一本被打开的书"中国历史"。又过了5年，即1876年，人们又在那座已倒塌小屋的废墟里找到了巴伦支写的考察报告。为了纪念这位百折不挠的探险家，从19世纪中叶起，人们就把埋葬他的那个大海命名为巴伦支海。

北极探险家富兰克林神秘失踪 ＞

约翰·富兰克林是英国著名的极地探险家，他在加拿大北极区考察了约1 200海里的漫长海岸线，立下了卓著的功勋，因而在返回英格兰不久就被授予爵士称号。

1843年，英国海军部批准富兰克林率领一支新的探险队，他选用了两艘刚从南极海域回来的探险船"黑暗"号和"恐怖"号，并亲自挑选了128名探险队员。1845年5月26日，富兰克林指挥着探险船从泰晤士河起航，开始了具有历史意义

约翰·富兰克林

的海上探险活动。两个月后，在格陵兰附近海域，探险船队被一艘巨大的被人们遗弃的捕鲸船挡住了去路，随后便失去了与英国的一切联系。两年的时间过去了，还是不见探险队的踪影。1848年初春，海军部派出了3支规模较大的搜寻队。没有多久，这3支搜寻队都失败了。1854年10月，为了寻找这支已失踪多年的探险队，富兰克林太太组织一支搜寻队，买了一艘177吨的游船"狐狸"号，进行了适应北极航行的改装，并请参加过第一次搜寻活动的舰长马克林特克海军上尉来指挥这一次的搜寻活动。经过千辛万苦，1859年5月，搜寻队在威廉岛西部沿海找到了富兰克林探险队几名成员的尸体、"黑暗"号上的救生艇和完好无损的航海记录。通过航海记录得知，富兰克林当初试图

通过威廉岛西面的维多利亚海峡，由于碰到了巨大的浮冰，被困在这个地区。1847年，他不幸死去。后来在长期饥寒的折磨下，一些探险队员也相继捐躯。1848年春季，也就是探险队员写下这份记录前，已经接替富兰克林职务的克劳齐上校决定离开探险船，去大鱼河寻求援助，特别是寻找食物。但一切都是徒劳的。100多名探险队员和船员在寒冷、饥饿和疾病的折磨下，绝大部分先后死于这个荒凉的岛屿上，少数侥幸逃出的，也死在半路。这是北冰洋和北极探险史上最大的一次遇难事件。富兰克林的北极之行尽管以失败告终，但是，他的英雄行为和献身精神却使后人无比钦佩，他被人们誉为海洋探险事业的先驱者，成了历史上一名伟大的海洋探险家。

白令海峡的得名 〉

1725年1月，俄国彼得大帝任命丹麦人白令为俄国考察队队长，去完成"确定亚洲和美洲大陆是否连在一起"的任务。白令率25名队员离开俄国，向东横穿俄罗斯8 000多千米后，到达太平洋海岸，然后向西北方向航行。在此后17年中，白令前后完成了两次极其艰难的探险航行。在第一次航行中，他绘制了堪察加半岛的海图，并顺利地通过了阿拉斯加和西伯利亚之间的航道，即白令海峡。1739年开始的第二次航行中，他到达北美西海岸，发现了阿留申群岛和阿拉斯加。前后共有100多人在这两次探险中死亡，包括白令自己。后人为纪念这位伟大的北极探险家，把太平洋与北冰洋之间的海峡称为白令海峡，把白令海峡南部的海域称为白令海。

白令海峡

123

皮尔里征服北极点 >

美国探险家罗伯特·皮尔里是第一个到达北极点的探险家。皮尔里在北极探险花费了23年的时间，他为了实现自己攀登北极点的志愿，很早就开始了精心的准备并多次进入北冰洋。1908年6月6日，皮尔里再次率领"罗斯福"号探险船去北极探险。探险队由21人组成，9月5日，"罗斯福"号驶抵离北极只有约900千米的谢里登角，却被严严实实地冰封在海湾里了。第二年2月22日，皮尔里留下一些人员，组成3个梯队向最后一个出发点——哥伦比亚角前进。前两个梯队打前站，负责探路、修建房屋，好让皮尔里指挥的第三梯队保持旺盛的体力向北极点冲击。4月1日，最后一批人员撤回基地，参加最后冲锋的只有皮尔里、亨森和3个因纽特人，当时，突击队离北极点还有约240千米。4月5日，皮尔里已到达北纬89°25'处，离北极点只有约9千米了。在一处冰间河流中，皮尔里放下一根长达2 752米的绳子测深，结果还是没探到底。快到北极点时，他们每个人的体力都消耗太大了，两条腿仿佛有千斤重，一步也迈不动了，眼皮也在不停地"打架"。稍事休息之后，皮尔里一行勇敢地冲向北极点，终

于在1909年4月6日到达北极点。后来，经过专家们的仔细鉴定，确认皮尔里是世界上第一个到达北极极点的探险家，他所到达的地点，是北纬89°55'24"，西经159°。皮尔里在北极逗留了30小时后返回营地。皮尔里的北极探险以无可辩驳的事实证明：从格陵兰到北极不存在任何陆地，整个北极都是一片坚冰覆盖的大洋。

罗阿德·阿蒙森

现代人北极探险与科考 〉

北极点的竞赛结束后，各种挑战极限的壮举并未停止。20世纪开始了飞行器的时代。1926年，罗阿德·阿蒙森、美国的爱尔斯沃斯和意大利的飞艇设计师诺比尔第一次驾驶可操纵的飞艇降落在北极点。1978年，日本孤身探险家植村直己乘狗拉雪橇完成了人类历史上第一次只身到达北极点的壮举。1986年，法国医生爱提厄完成了第一次靠人的体力独身滑雪到达北极点。

此外，进入20世纪以后，随着科技手段的提高，人类针对北极地区的科学考察愈加频繁。大量的科考观测站在北极地区建立。主要的大型科考活动有1932年8月1日—1933年8月31日的第二个国际极地年活动以及1957年7月1日—1958年12月31日的国际地球物理年。2007—2008年的第三次国际极地年使得人类对北极地区的自然环境以及极地与地球其他地区之间相互作用和关联有了更加深刻的认识。不同于以往只能通过船只和陆路方式探索，20世纪后的科考还通过飞机和潜艇来完成。1958年，美国的核动力潜艇"诺特拉斯"号第一次从冰下穿过了北极点。1959年，美国"斯凯特"号潜艇第一次在北极点冲破冰层浮出冰面。破冰船的发明也使水路到达北极点成为可能。1977年，前苏联的破冰船"北极"号破冰航行，第一次冲破冰层到达北极点。

极地卫星观测起始于美国1960年的极地轨道环境卫星计划。1960年4月1日发射的泰罗斯一号气象卫星是第一颗成功的极轨气象卫星，泰罗斯一号以及其后发射的极轨气象卫星为研究北极的气候、北冰洋海底地貌、北极洋流以及北极冰盖提供了大量的数据资料。

日本探险家只身到达北极点 ﹥

1978年，日本探险家植村直己只身探险北极是近年北极探险史上有代表性的事件。植村为了进行这次北极探险活动，作了充分的准备。1978年3月5日，植村坐上由17只狗拉的雪橇，从加拿大的北极群岛埃尔斯米尔岛北端的哥伦比亚角出发，踏上乱冰块，开始了向北极的远征，行程约900千米。他携带了一部收发报机，以便进行联系。同时，他还从气象卫星定期获得天气预报。他本人在探险期间采集了极地的冰、雪和空气标本，进行了科学研究。加拿大的飞机按预定地点和日期为他设了10个空投点，空投补给品。尽管有这些现代化的技术装备，但这次探险仍是极其艰难惊险的。10多米高的冰山有时挡住了他前进的去路，北极熊时常对他进行袭击，零下40℃的严寒和暴风雪，特别是冰块的漂浮和破裂经常给他带来严重的威胁。5月1日，植村直己到达了北极点，8月22日回到了格陵兰。

滑雪到北极 ˃

　　1979年3月16日，7名前苏联科学考察者携带滑雪板，从新西伯利亚群岛最北部的根里叶蒂岛出发，冒着零下30℃的严寒向北进发，沿途经过了坎坷不平的浮冰群和许多冰裂地带，历时77天，于5月31日到达北极点，全程共1 500千米。除了途中由飞机为他们提供各种给养外，在整个行进过程未用任何交通工具，仅用滑雪板到达北极，这在人类历史上是唯一的一次。

潜艇能否从冰下到达北极点 ＞

1957年8—9月，美国海军核动力潜艇"鹦鹉螺"号在艇长安德森的指挥下，在冰下航行了5天半，到达北纬87°，没有发现很厚的冰层。8月份，该艇通过白令海峡北进，潜航到冰下横穿北极，于1958年8月3日到达北极极点，并成功地驶出格陵兰海的开阔水域。美国海军的这艘"鹦鹉螺"号核潜艇远航北极，开创了人类历史上舰船首次驶抵北极点的壮举。它的姐妹船——"鳐鱼"号在同年8月以北极点为目标潜航了约4 633千米，10天之间浮出海面9次，其中一次准确地突破了北极点。

1963年9月29日，在北冰洋高纬度海域冰下航行的一艘前苏联核潜艇抵达北极点并在那里浮起。这艘核潜艇在抵达北极点前，艇上的仪器探测出北极点附近是一个被薄冰覆盖的面积不大的冰窟窿。潜艇这时已停止，利用惯性向预定点接近，当恰好到达北极点时，潜艇开始上浮。指挥塔撞破了薄冰，潜艇浮出了北极点。

中国的北极探索之旅 >

　　中国与北极地区并不接壤，但作为《斯瓦尔巴德条约》缔约国，中国有权在斯匹次卑尔根群岛地区从事科学考察活动。1951年，武汉测绘学院的高时浏到达地球北磁极，进行地磁测量工作，成为第一个进入北极地区的中国科技工作者。1991年，中国科学院大气物理所的研究员高登义参加了挪威组织的北极浮冰考察，并于考察过程中在北极地区展示了中国国旗。

　　1995年，由民间赞助的中国北极考察团（中国科学院和中国科学技术协会组织）到达北极点考察，是首次由中国人组织的北极科考。

　　1999年，中国政府首次对北极地区展开科学考察。7月1日，中国北极科考船"雪龙号"从上海出发，在白令海、楚科奇海和加拿大海盆展开对海洋和大气的综合调查。科考活动持续两个月，于9月9日结束。2002年8月2日，中国科考队在北极建立了陆地大气观测站。

　　中国北极黄河站，是中国首个北极

129

科考站，成立于2004年7月28日。位于北纬78°55′、东经11°56′的挪威斯匹次卑尔根群岛的新奥尔松。中国北极黄河站是中国继南极长城站、中山站两站后的第三座极地科考站，中国也成为第八个在挪威的斯匹次卑尔根群岛建立北极科考站的国家。黄河考察站为一栋两层楼房，总面积约500平方米，包括实验室、办公室、阅览休息室、宿舍、储藏室等，可供20人至25人同时工作和居住，并且建有用于高空大气物理等观测项目的屋顶观测平台。

各国外交家们在北极地区的一个杰作是《斯瓦尔巴德条约》，最初也叫作关于斯匹次卑尔根群岛的条约。这是迄今为止在北极地区唯一的具有足够国际色彩的政府间条约。斯瓦尔巴德群岛是荷兰探险家巴伦支于1596年6月19日首先发现的。随后，一批又一批勇敢的欧洲人乘船渡海去"闯关东"，其中最多的是挪威人和俄国人。他们先是捕鲸猎熊，后来渐渐转向开采煤、磷灰石、石棉等矿产资源。1920年2月9日，英国、美国、丹麦、挪威、瑞典、法国、意大利、荷兰及日本等18个国家，经过繁忙的穿梭外交，在巴黎签订了斯匹次卑尔根群岛行政状态条约，即后来的"斯瓦尔巴德条约"。1925年，中国、前苏联、德国、芬兰、西班牙等33个国家也参加了该条约，成为《斯瓦尔巴德条约》的协约国。

该条约使斯瓦尔巴德群岛成为北极地区第一个，也是唯一的一个非军事区。条约承认挪威"具有充分和完全的主权"，该地区"永远不得为战争的目的所利用"，但各缔约国的公民可以自由进入，在遵守挪威法律的范围内从事正当的生产和商业活动。

● 南极、北极与人类未来

人类不会停止探索的脚步 〉

南北极虽然美丽，危险却无处不在。南极是地球上风最大的地方，遇到风起，要随时准备钻帐篷，没有帐篷就要赶紧在雪里挖洞躲进去，否则不是被风吹走，就是冻死。在北极走路也要小心，北极有大量的冰缝，掉下去，下面就是5 000米深的大洋。科考工作者每次过缝，都是将绳子结成浮桥，人可以顺利通过，将几百斤重的雪橇也运过去，常让他们面临巨大的挑战。一位科考工作者回忆起一次与死亡擦身而过的经历："飞机在飞行过程中遇到了大风，眼看飞机就要撞到冰山上了，大家都屏住了呼吸，幸运的是美国的飞行员很有经验，临危不乱，加上风速变小，及时控制了飞机方向，顺利着陆。"

危险的生活细节还有很多，比如差点遇到北极熊的袭击等等。前几代赴南北极考察的科学家也有很多葬身冰川，永远留在了那里。而每一位探险者及科学考察员都有可能成为他们中的一员，究竟是怎样的力量仍然让这一群人前仆后继，毫不畏惧？"为有牺牲多壮志，人类不会停止探索的脚步。"正是因为有他们，才让我们能够更加了解地球家园。

资源、环境、战略地位……我们必须关注两极 >

南北极拥有丰富的资源。南极的石油、天然气、蛋白质、淡水资源等等，是未来资源争夺的阵地。北极大洋的冰川是隐藏核潜艇的最佳场所，将核潜艇藏于冰下，不仅卫星无法探测，由于冰层不断破裂，发出巨大噪音，声呐系统也无法跟踪。假如到了世界大战那天，如果有一个国家偷偷藏一艘核潜艇在北极，最后出动，那它就成为杀手锏，能笑到最后。

但是资源的开发必然导致原来的生态破坏和环境污染，资源是国家的，环境却是全球的，并且两极环境脆弱，一旦破坏就难再恢复。我国地处北半球，虽然在北极没有领海和领土，但是北极的环境与气候的变化会影响到我国，同时北极作为战略制高点，也决定着未来战争中我们的生死存亡。

两极与人类关系密切 〉

两极寒冷，荒凉，严酷，遥远，如果就此认为两极与人类没有多大关系就大错特错了。两极与我们息息相关。因为两极就像是冷却器，控制着地球的气候变化。中国是北半球的大国，气候和环境在很大程度上受到北极的影响和控制。两极，特别是北极，贮存有丰富的石油和天然气，是继中东之后人类社会下一个能源基地。两极贮存着地球上80%左右的淡水资源，利用两极漂浮的冰山，足可解决人类面临的淡水危机。两极有丰富的生物资源，例如鲸鱼和磷虾。但人类必须小心行事，注意保护两极的生态平衡。在全球战略上，北冰洋不仅是核潜艇最好的隐蔽场所，而且可以以最短距离对北半球的任何国家进行攻击，因而被称为地球的制高点。两极是科学家的天堂。北极的因纽特人顽强而勇敢，他们独特的文化和生存方式对人类社会有着非常重要的参考价值。现在人类面临着和平与发展两大主题，发展需要资源，和平的反面就是战争，都与两极有着极其密切的关系。因此，我们必须了解两极，关心两极，研究两极，我们必须树立全球观念，在两极事务中力争取得发言权和决策权。

图书在版编目（CIP）数据

当南极遇上北极 / 马少丽编著. -- 北京：现代出版社，2014.1

ISBN 978-7-5143-2088-6

Ⅰ.①当… Ⅱ.①马… Ⅲ.①南极－青年读物②南极－少年读物③北极－青年读物④北极－少年读物 Ⅳ.①P941.6-49

中国版本图书馆CIP数据核字(2014)第008628号

当南极遇上北极

作　　者	马少丽
责任编辑	王敬一
出版发行	现代出版社
地　　址	北京市安定门外安华里504号
邮政编码	100011
电　　话	(010) 64267325
传　　真	(010) 64245264
电子邮箱	xiandai@cnpitc.com.cn
网　　址	www.modernpress.com.cn
印　　刷	汇昌印刷（天津）有限公司
开　　本	710×1000　1/16
印　　张	8.5
版　　次	2014年1月第1版　2021年3月第3次印刷
书　　号	ISBN 978-7-5143-2088-6
定　　价	29.80元